国家精品课程教材
国家级精品资源共享课教材
普通高等教育"十三五"规划教材
研究型教学模式系列教材

C 语言程序设计实验教程
（第 3 版）

蒋　彦　韩玫瑰　**主编**

史桂娴　张芊茜　崔忠玲　许美慧　**编**

刘明军　**主审**

INFORMATION
TECHNOLOGY

電子工業出版社
Publishing House of Electronics Industry
北京·BEIJING

内 容 简 介

本书是国家精品课程教材、国家级精品资源共享课教材，是《C 语言程序设计（第 3 版）》的配套实验教程。本书分为 3 部分，共 15 章，主要内容包括：Visual C++ 6.0 上机过程、Dev-C++上机过程、CodeBlocks 上机过程，程序的调试与测试、上机实验的目的和要求、15 个精选实验、C 语言编程常见错误分析、OJ 系统简介，知识要点与习题等。本书提供课程网站、习题解答及程序源代码。

本书可作为高等学校本科生教材，也可作为高职高专教材及计算机等级考试的参考书，还可供相关领域的工程技术人员学习参考。

未经许可，不得以任何方式复制或抄袭本书之部分或全部内容。

版权所有，侵权必究。

图书在版编目（CIP）数据

C 语言程序设计实验教程/蒋彦，韩玫瑰主编. —3 版. —北京：电子工业出版社，2018.3
ISBN 978-7-121-33771-0

Ⅰ. ①C⋯　Ⅱ. ①蒋⋯ ②韩⋯　Ⅲ. ①C 语言－程序设计－高等学校－教材　Ⅳ. ①TP312.8

中国版本图书馆 CIP 数据核字（2018）第 037877 号

策划编辑：王羽佳
责任编辑：王羽佳　　　特约编辑：曹剑锋
印　　刷：北京七彩京通数码快印有限公司
装　　订：北京七彩京通数码快印有限公司
出版发行：电子工业出版社
　　　　　北京市海淀区万寿路 173 信箱　　邮编：100036
开　　本：787×1 092　1/16　印张：11.25　字数：368 千字
版　　次：2007 年 1 月第 1 版
　　　　　2018 年 3 月第 3 版
印　　次：2025 年 3 月第 12 次印刷
定　　价：32.00 元

凡所购买电子工业出版社图书有缺损问题，请向购买书店调换。若书店售缺，请与本社发行部联系，联系及邮购电话：（010）88254888，88258888。

质量投诉请发邮件至 zlts@phei.com.cn，盗版侵权举报请发邮件至 dbqq@phei.com.cn。

本书咨询联系方式：（010）88254535　wyj@phei.com.cn。

前　言

济南大学开设"C 语言程序设计"课程已有 20 多年的历史，在课程组全体老师的共同努力下，该课程 2005 年被评为山东省精品课程，2009 年被评为国家精品课程，2016 年被评为国家级精品资源共享课。

2007 年我们编写了本课程的教材《C 语言程序设计》，2011 年修订后出版了《C 语言程序设计（第 2 版）》。教材出版以后，被多所高等学校选作教材，并被数十所高校选作教学的主要参考书。近年来，陆续收到了各位同仁和广大读者给予的高度评价，以及一些很好的修订建议。七年后，我们根据在教学过程中的实际感受，结合收集到的建议和意见，对第 2 版教材进行了修订，出版了《C 语言程序设计（第 3 版）》和《C 语言程序设计实验教程（第 3 版）》。

本书包括 3 部分。

第 1 部分是"C 语言实验环境"。主要介绍 Visual C++ 6.0 集成环境下的上机方法，并根据学习的顺序，列出初学者在学习过程中常犯的一些语法错误，每条错误均给出在 Visual C++ 6.0 中调试程序时系统提示的错误信息，并分析错误原因，提出相应的解决方法，使读者在学习时有所参考。另外，结合 ACM 竞赛和 GPLT 比赛等，介绍 Dev-C++和 CodeBlocks 的使用方法。考虑 Turbo C 2.0 使用得越来越少，删掉了这部分内容。

第 2 部分是"C 语言实验"。首先介绍程序调试和测试的初步知识，提出上机实验的目的和要求，并根据教学内容安排了 15 个实验，本次对实验题目做了修订。然后介绍在进行 C 语言编程时常见的逻辑错误和解决方法。最后结合 ACM 参赛经验和 OJ（Online Judge，在线判题）系统，对 ACM 竞赛进行介绍，并详细介绍竞赛中的各种数据输入/输出格式。

第 3 部分是"知识要点与习题"。这部分按主教材的章节，先总结该章的知识要点，然后给出大量习题，包括选择题、填空题、程序填空题及编程题等，最后给出部分习题的参考答案。大部分习题是基础知识题，帮助读者巩固基础知识。对于编程题，只给出分析提示，实现代码留给读者自己完成，给读者留下思考的空间。部分习题的难度高于书中的例题，目的是使读者根据已学的内容，举一反三，学会根据已有知识，培养解决实际问题的能力。希望初学者尽量多做习题，以提高程序设计水平。

书中全部题目的程序均在 Visual C++ 6.0 中调试通过，可以直接将代码输入 Visual C++ 6.0 中编译运行。书中的很多习题都很经典，提出并解决了很多常见的问题，完成这些习题，理解程序的思路，将有助于开阔眼界、丰富知识，学会如何解决实际问题。

应该指出，本书给出的程序的解答并非唯一解答，我们只是提出一种参考方案，读者完全可以写出更好的解决方案。希望读者能充分利用本书提供的资源，掌握 C 语言程序设计方法。

本书由蒋彦、韩玫瑰统稿，其中第 1 部分第 1～3 章及第 2 部分第 4、5、8 章由蒋彦、韩玫瑰修订，第 2 部分第 6、7 章由史桂娴修订，第 3 部分第 1～4 章由张芊茜、许美慧修订，第 3 部分第 5～7 章由崔忠玲修订。全书由刘明军教授审定。

在本书的编写过程中，得到了众多同仁的关心与支持。徐龙玺、张珊、杜韬、李英俊、吕娜、夏英杰、王亚琦、闫明霞、张平、张晓丽、黄艺美、李崇威、王卫峰等老师在百忙之中阅读了部分书稿，指出了原稿中的一些不当之处。本书的编写参考了大量近年来出版的相关书籍及技术资料，吸取了许多专家和同仁的宝贵经验。在此一并表示衷心地感谢！

尽管我们作出了很大努力，但由于水平有限，书中难免出现错误或不妥之处，恳请同行专家及各位读者批评指正！

作　者

2018 年 2 月

目　录

第 1 部分　C 语言实验环境

C 语言的编译系统不属于 C 语言的一部分，它是由计算机软件开发商开发并销售给用户使用的。不同的软件厂商开发出了不同版本的 C 语言编译系统，功能大同小异，都可以用来对 C 语言源程序进行编译、连接和运行。各公司推出的 C 语言编译系统大都是集成开发环境（IDE，Integrated Development Environment），把编辑、编译（包括预处理）、连接、调试和运行等操作全部集成在一个界面上，功能丰富，使用方便。

Microsoft Visual C++ 6.0，简称 VC 6.0，是微软于 1998 年推出的一款 C++编译器，集成了 MFC 6.0，具有程序框架自动生成、灵活方便的类管理、代码编写和界面设计集成交互操作、可开发多种程序等优点。自全国计算机等级考试二级 C 语言和 C++语言改版以来，VC 6.0 成为指定的编译软件，一直使用至今。但是，VC 6.0 对 Windows 7 及以后版本的操作系统的兼容性较差。

Dev-C++是一个 Windows 环境下的 C&C++开发工具，可用于编写 C 语言和 C++语言程序。它是一款自由软件，遵守 GPL 协议。它集合了 GCC、MinGW32 等众多自由软件，并且可以取得最新版本的各种工具支持。Dev-C++是一个非常实用的编程软件，多款著名软件均由它编写而成，它在 C 语言的基础上，增强了逻辑性。

CodeBlocks 是一个开放源码的全功能的跨平台 C/C++语言集成开发环境，由纯粹的 C++语言开发完成，它使用了著名的图形界面库 wxWidgets 版。集成了 C/C++编辑器、编译器和调试器于一体，能方便地编辑、调试和编译程序。自推出后，受到了广大追求完美的 C/C++程序员的青睐。

其实用哪一种编译系统并不是原则问题，只要能满足用户需求，使用方便即可。学会使用一种编译环境后，触类旁通，可以很快学会使用另一种编译环境。

在教学中，程序的规模一般不大，功能相对简单，调试过程也不太复杂，对集成环境的功能要求不是很高。因此，下面着重介绍在 Windows 环境下广泛使用的 Visual C++ 6.0、Dev-C++ 5.11 和 CodeBlocks 17.12。

第 1 章　Visual C++ 6.0 上机过程

Visual C++ 6.0 是微软公司的重要产品之一——Microsoft Visual Studio 6.0 工具集的重要组成部分，该工具集还包括 Visual Basic、Visual Foxpro、Visual J++等。Visual C++ 6.0 用来在 Windows 环境下开发应用程序，是一种功能强大、行之有效的可视化编程工具。它以可视化技术为基础，以 C++语言为蓝本，以众多的集成工具为骨架，在计算机领域的诸多方面都发挥着重要的作用。用户以其实用的开发环境和集成的工具集可高效地开发应用程序。与 Turbo C 等工具相比，使用 Visual C++ 6.0 所花费的时间要少得多，尤其对于图形界面的程序。

Visual C++ 6.0 除包含文本编辑器、C/C++混合编译器和调试器外，还提供功能强大的资源编辑器和图形编辑器，利用"所见即所得"的方式完成程序界面的设计，大大减轻了程序设计的劳动强度，提高了程序设计的效率。使用 Visual C++ 6.0 不仅可以编写普通的应用程序，还能进行系统软件等的设计和开发。

1.1　Visual C++ 6.0 的安装

如果计算机中没有安装 Visual C++ 6.0，则应先进行安装。下面以 Visual C++ 6.0 英文版的安装过程为例进行介绍。

执行 Visual C++ 6.0 安装光盘中的 Setup.exe 文件，在检测完系统后，出现如图 1.1 所示的安装向导对话框。

在图 1.1 中，单击 Next 按钮，打开如图 1.2 所示的最终用户许可协议对话框。在该对话框中，必须选择"I accept the agreement"单选按钮，同意用户许可协议，才能继续安装。选择后，Next 按钮才会被激活。

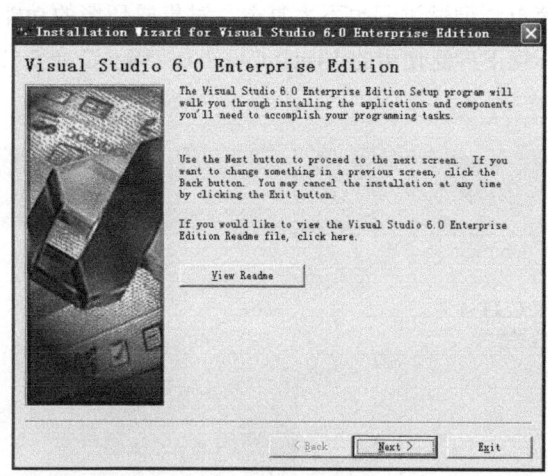
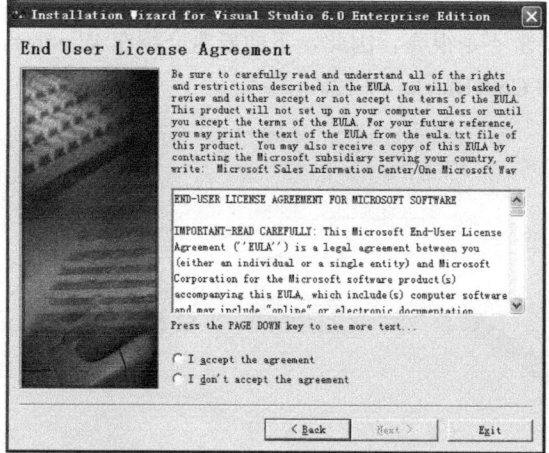

图 1.1　Visual C++ 6.0 安装向导对话框　　　　　图 1.2　最终用户许可协议对话框

单击 Next 按钮后，打开如图 1.3 所示的输入产品号和用户信息对话框，要求输入产品号和用户信息。必须输入正确的产品号后才能继续安装过程，一般还需要输入用户信息。

输入完产品号和用户信息后，Next 按钮被激活。单击 Next 按钮，如果当前计算机的 Java 虚拟机版本较低，安装程序还会提示更新 Java 虚拟机，如果用户选择更新，更新完成后系统会重新启动，然后继续安装过程，打开如图 1.4 所示的安装选项对话框。各选项含义如下：

● Custom（定制）：用户可以选择需要安装的组件。
● Products（产品）：安装系统默认配置好的 Visual Studio 产品。
● Server Applications（服务应用程序）：跳过安装工作站工具，直接安装服务安装选项。

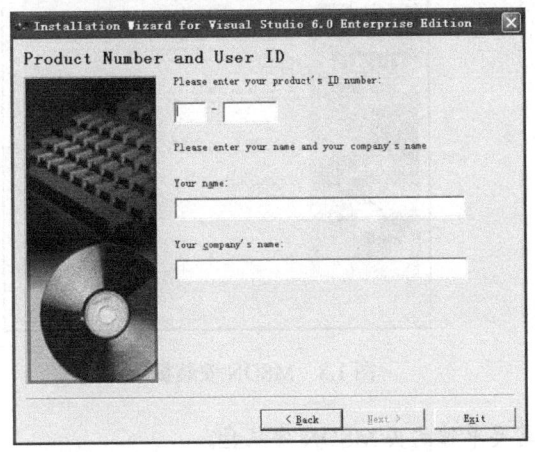
图 1.3　输入产品号和用户信息对话框

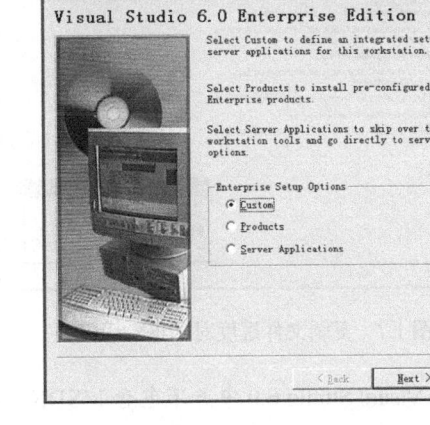
图 1.4　安装选项对话框

这里选择 Custom 选项。

单击 Next 按钮后，打开如图 1.5 所示的选择安装文件夹对话框，该对话框下方同时显示所选磁盘的可用空间信息。一般安装在默认的位置就可以了，用户也可以单击 Browse 按钮选择其他位置。

选择好安装文件夹后，单击 Next 按钮，出现欢迎界面。此时可能提示用户安装程序无法安装系统文件和更新正在共享的文件。继续安装前，需要关闭正打开的应用程序。把其他程序关闭后，单击 Continue 按钮，安装程序将搜索安装组件，然后弹出如图 1.6 所示的自定义组件对话框。一般使用默认选择即可，高级用户也可以自定义安装哪些组件。

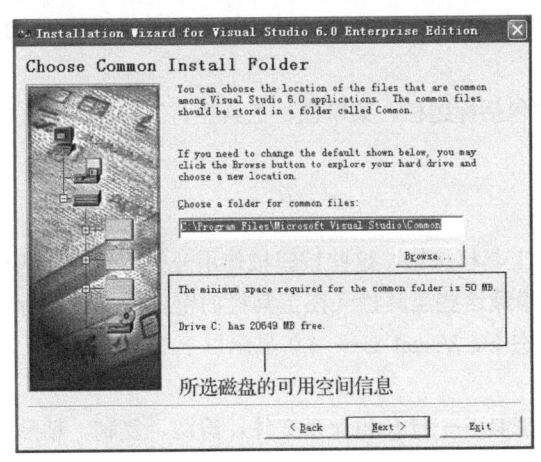
图 1.5　选择安装文件夹对话框

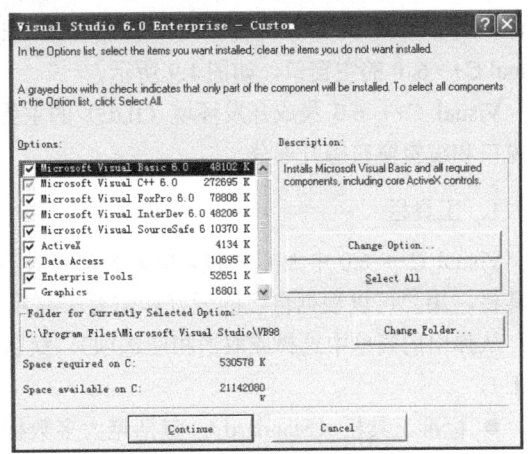
图 1.6　自定义组件对话框

选择完毕后单击 Continue 按钮，安装程序提示"注册环境变量"，并检查完必要的磁盘空间后，安装程序开始复制文件，并显示复制文件的进度，如图 1.7 所示。

文件复制完成后，安装程序将会对系统进行更新，提示用户已经在开始菜单的程序中添加了快捷方式等，并提示用户重新启动计算机。

重新启动计算机后，安装程序继续运行，出现如图 1.8 所示的 MSDN 安装提示对话框。MSDN 是对 Visual C++应用程序开发非常有用的帮助文件，建议用户尽量安装。

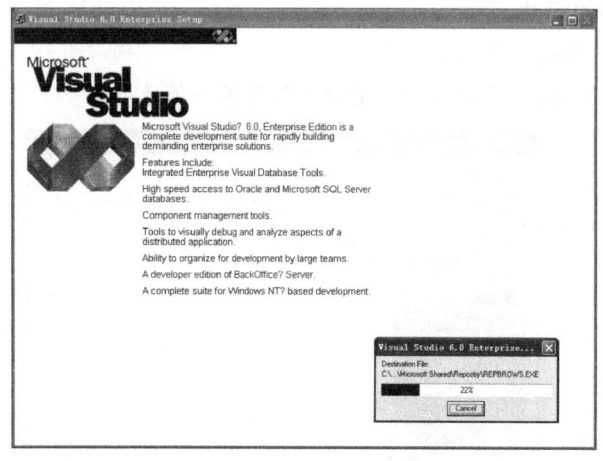
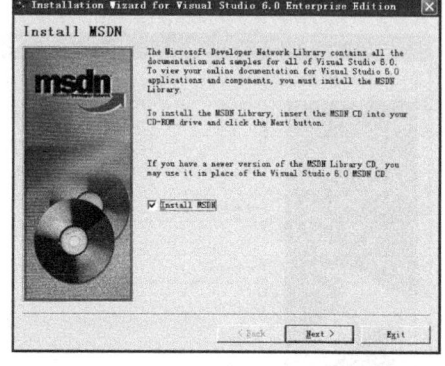

图 1.7　复制文件进度对话框　　　　　　　　图 1.8　MSDN 安装提示对话框

提示：在 Visual Studio 6.0 中并不包含 MSDN，需要单独购买 MSDN 安装盘。

安装完成后，提示用户立即注册，用户可选择注册或不注册。

至此，Visual C++ 6.0 安装完毕。此时，在"开始"菜单的"程序"子菜单中就会出现 Microsoft Visual Studio 6.0 菜单项。

1.2　Visual C++ 6.0 工作窗口及常用菜单项

1.2.1　Visual C++ 6.0 工作窗口

单击任务栏的"开始"按钮，选择"程序"→"Microsoft Visual Studio 6.0"→"Microsoft Visual C++ 6.0"命令，启动 Visual C++ 6.0。在屏幕上短暂显示 Visual C++ 6.0 的版权页后，出现 Visual C++ 6.0 的主窗口，如图 1.9 所示。

Visual C++ 6.0 集成开发环境（IDE）的主界面包括标题栏、菜单栏、工具栏、工作区窗口、输出窗口和编辑窗口等几部分。

1. 工具栏

Visual C++ 6.0 中大部分的菜单命令都有对应的工具栏按钮，这些按钮按作用分类组织成一些小工具栏，用户可以根据自己的爱好和需要来显示或隐藏这些工具栏（在工具栏的空白处单击鼠标右键，从弹出的菜单中选择或取消相应选项）。默认状态下，Visual C++ 6.0 显示以下 3 种工具栏，见图 1.9。

- 标准工具栏（Standard）：包括绝大多数标准工具——打开和保存文件、剪切、复制、粘贴及其他命令。
- 向导工具栏（WizardBar）：提供快速使用 ClassWizard 的工具，包括 C++类及 C++类成员等。该工具栏在 C 语言程序调试中不常用。

标题栏
菜单栏
工具栏

工作区窗口

编辑窗口

输出窗口

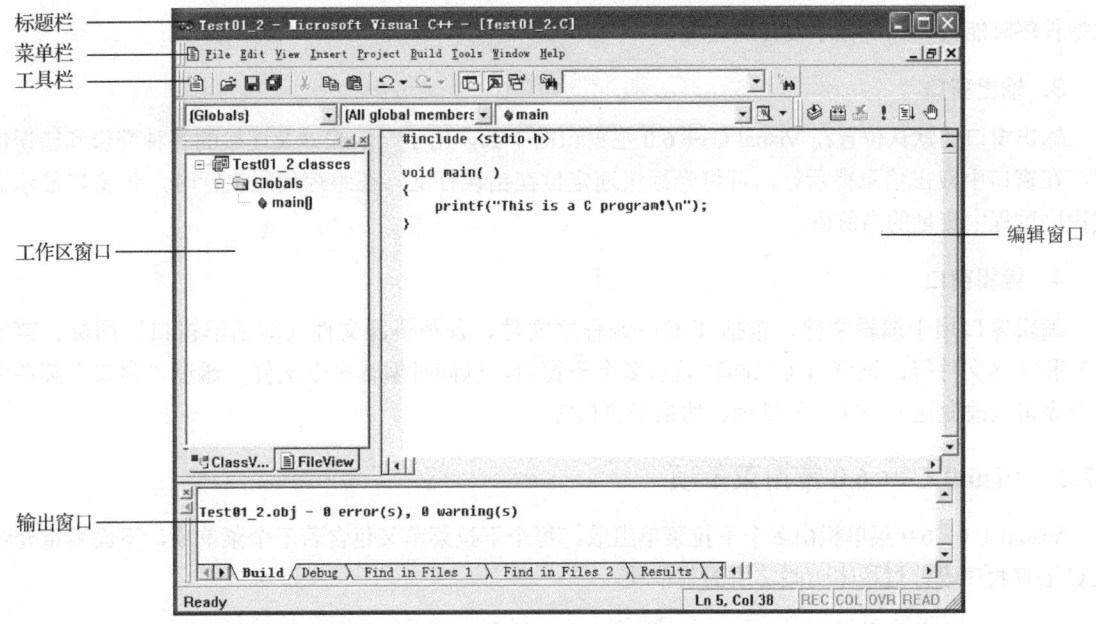

图 1.9　Visual C++ 6.0 主窗口

● 调试工具栏（Build MiniBar）：提供开发和测试程序时经常用到的编译、连接和运行等命令，如图 1.10 所示。该工具栏按钮从左至右依次是 Compile、Build、BuildStop、BuildExecute、Go、Insert/Remove Breakpoint。各按钮的功能如表 1.1 所示。

图 1.10　调试工具栏

表 1.1　调试工具栏各按钮功能

项　　目	中 文 含 义	功　　　能
Compile	编译	编译当前文件，并在输出窗口显示错误和警告信息
Build	组建	编译和连接当前文件，并在输出窗口显示错误和警告信息
BuildStop	中止组建	中止当前正在进行的编译和连接，返回编辑状态
BuildExecute	执行	执行编译生成的.exe 文件
Go	执行到断点	从 main 函数开始执行到断点处，若无断点，则执行整个程序
Insert/Remove Breakpoint	插入/删除断点	在光标所在行插入或删除断点

2. 工作区窗口

Visual C++ 6.0 中的工作区窗口是浏览应用程序组成结构的有效工具，向用户提供 3 种不同的浏览方式。

● Class View（类视图）：具有浏览、管理 C++类的功能，展开页面中的"+"，可以看到项目内所有的类及成员、所有全局函数及其全局变量等信息。

● Resource View（资源视图）：具有浏览、编辑程序中各种资源的功能。通过该视图，开发者能够在应用程序中找到并编辑各种资源，包括对话框的设计、图标和菜单等。

● File View（文件视图）：用来分类显示项目内的所有文件的信息，在页面中双击文件名，则会在编辑窗口显示相应文件的内容。

以上 3 种视图在 C 语言程序设计和运行过程中使用不多，但若能掌握它们的使用方法，在编写大型程序时能大大加快程序设计的速度。

3．输出窗口

输出窗口的默认位置在 Visual C++ 6.0 主窗口的下部，用于显示编译及连接的各种警告和错误信息，在窗口中双击信息提示行，可将光标快速定位在错误行上。在跟踪代码执行时，该窗口显示调试程序过程中变量的当前值。

4．编辑窗口

编辑窗口用于编辑文件，包括 C/C++源程序文件、各种资源文件（对话框窗口、图标、菜单等）和文本文件等。该窗口可以同时显示多个子窗口，以同时编辑多个文件，通过"窗口"菜单中的命令可以改变这些子窗口的排列、切换子窗口等。

1.2.2　Visual C++ 6.0 常用菜单项

Visual C++ 6.0 菜单栏由多个下拉菜单组成，每个下拉菜单又包含若干个菜单项，下面着重介绍在 C 语言程序设计过程中一些常用的菜单项。

1．File（文件）菜单

File 菜单主要用于打开或保存文件等操作。C 语言程序设计中的常用菜单项包括新建、打开、关闭、打开工作空间和关闭工作空间等，常用各菜单项的含义及功能如表 1.2 所示。

表 1.2　File 菜单常用菜单项含义及功能

选　项	含　义	功　能
New	新建	创建一个新文件（C/C++源文件等）或新项目
Open	打开	打开一个已经存在的文件或项目
Close	关闭	关闭当前文件
Open Workspace	打开工作空间	打开一个已经存在的工作空间
Save Workspace	保存工作空间	保存当前工作空间
Close Workspace	关闭工作空间	关闭当前工作空间
Save	保存	保存当前文件
Save as	另存为	将当前文件以另一个文件名保存
Save All	全部保存	保存当前打开的全部文件

2．Edit（编辑）菜单

Edit 菜单中的命令主要用来编辑文件内容，如进行复制、粘贴、删除等操作，及断点管理等功能，C 语言编程中常用到的各菜单项含义及功能如表 1.3 所示。

表 1.3　Edit 菜单常用菜单项含义及功能

选　项	含　义	功　能
Undo	撤销	取消上次的编辑操作
Redo	重做	恢复刚撤销的编辑操作
Cut	剪切	将当前选中的对象剪切到剪贴板
Copy	复制	将当前选中的对象复制到剪贴板

续表

选　　项	含　　义	功　　能
Paste	粘贴	将剪切板中的对象粘贴到当前位置
Delete	删除	删除选中的对象
Select All	选择全部	选中当前窗口的全部对象
Find	查找	在当前文件中查找字符串
Find in Files	在文件中查找	在多个文件中查找字符串
Replace	替换	在当前文件中查找并替换字符串
Breakpoints	断点	设置、管理断点

3．View（视图）菜单

View 菜单中的命令主要用来改变窗口的显示方式和激活窗口等。C 语言编程中常用到的各菜单项含义及功能如表 1.4 所示。

表 1.4　View 菜单常用菜单项含义及功能

选　　项	含　　义	功　　能
Full Screen	全屏显示	以全屏幕方式显示编辑窗口
Workspace	工作空间	显示并激活工作空间窗口
Output	输出	显示并激活输出窗口
Debug Windows	调试窗口	打开调试窗口子菜单
Properties	属性	设置当前项目的属性，如制表符和缩进字符个数等

4．Build（组建）菜单

Build 菜单中的命令主要用来进行程序的编译、连接、调试及运行。C 语言编程中常用到的各菜单项含义及功能如表 1.5 所示。

表 1.5　Build 菜单常用菜单项含义及功能

选　　项	含　　义	功　　能
Compile *.c	编译 *.c	编译当前源文件*.c
Build *.exe	组建 *.exe	编译、连接并生成*.exe 文件
Rebuild All	全部重建	编译当前项目中的所有文件
Clean	清除	删除编译、连接时产生的中间文件
Start Debug	开始调试	当前程序进入调试模式
Execute *.exe	执行 *.exe	运行生成的可执行程序*.exe

提示：编译和连接时会以当前文件的主文件名代替 Build 菜单中的*。

1.3　Visual C++ 6.0 程序运行过程

1.3.1　源程序的输入和编辑

1．新建 C 语言源程序文件

新建 C 语言源程序的方法为：在 Visual C++ 6.0 主窗口中选择"File"（文件）→"New"（新建）命令，打开如图 1.11 所示的 New 对话框，默认打开的是 Projects 选项卡。

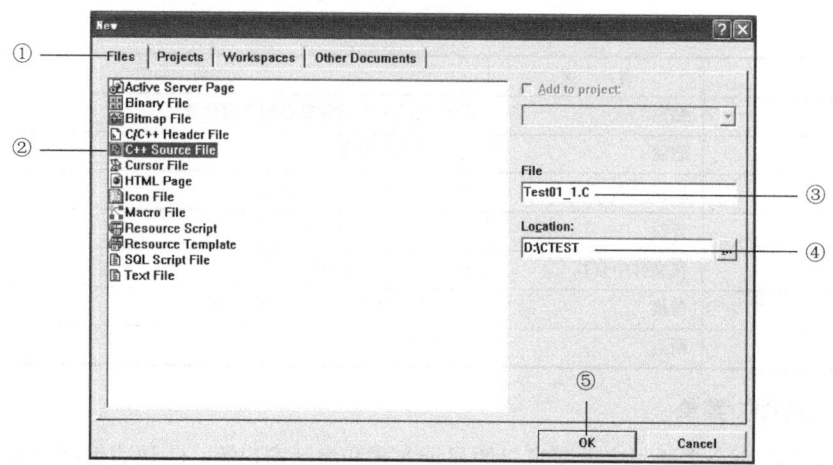

图 1.11　New 对话框

在该对话框中按如下步骤操作。

① 选择左上角的"Files"（文件），打开 Files 选项卡。

② 由于 Visual C++ 6.0 既可用于处理 C++语言源程序，也可用于处理 C 语言源程序，该列表框中没有 C 语言源文件的选项，因此选择列表框中的 C++ Source File 选项，表示要建立新的 C++源程序文件。

③ 为了编辑 C 语言源程序文件，在 File 文本框中输入的文件名应包含扩展名.C。如果输入 Test01_1.C，表示要编辑一个 C 语言源程序文件。如果不指定扩展名，系统会默认指定为 C++源程序文件，自动加上后缀.CPP。

④ 在 Location 文本框中输入源文件的保存路径，如 D:\CTEST。也可以单击后面的浏览按钮，指定文件的存放位置。

⑤ 单击 OK 按钮，返回 Visual C++ 6.0 主窗口。由于在前面指定了路径和文件名，因此在窗口的标题栏中显示文件名 Test01_1.C。同时光标在编辑窗口中闪烁，表示程序编辑窗口已经激活，可以输入和编辑源程序了。

输入源程序后，选择"File"（文件）→"Save"（保存）命令，将源程序文件保存在前面指定的文件中。

注意：文件命名时扩展名必须是.C 或.CPP，如果写成其他扩展名，则 Build（组建）菜单中的 Compile（编译）命令及调试工具栏上的按钮无法使用，将无法对程序进行编译。

2．打开一个已经存在的文件

如果要打开一个已经存在的 C 语言源程序文件，对它进行编辑，可执行以下步骤。

① 在"资源管理器"或"我的电脑"窗口中找到要打开的文件，如 Test01_1.C。

② 双击文件名，自动进入 Visual C++ 6.0 集成环境，并打开该文件，程序被显示在编辑窗口中。

③ 编辑完毕后，如果仍保存为原来的文件，则可以选择"File"（文件）→"Save"（保存）命令，或按 Ctrl+S 快捷键，或单击工具栏的小图标■来保存文件。

提示：也可以先打开 Visual C++ 6.0，选择"File"（文件）→"Open"（打开）命令，或按 Ctrl+O 快捷键，或单击工具栏的小图标，打开 Open 对话框，从而打开需要的文件。

3．通过已经存在的源程序文件建立新源程序文件

由于 C 语言源程序的大体框架是一致的，如果每次都重新录入将会增加不必要的劳动。此时，

可以利用一个已经存在的源程序文件的部分内容，来建立新的源程序文件。

因此，如果有一个 C 语言源程序文件，可以采用以下操作方法：

① 打开源文件，如 Test01_1.C。

② 选择"File"（文件）→"Save As"（另存为）命令，将它以另一个文件名另存，如 Test01_2.C——这样就生成了一个新文件。

③ 编辑 Test01_2.C 文件。

也可以在"资源管理器"或"我的电脑"窗口中复制一个原文件 Test01_1.C 的副本，改名为 Test01_2.C，再用 Visual C++ 6.0 编辑这个新文件。

提示： 在编辑文件时，一定要注意随时保存，否则在出现死机等故障时会丢失数据，需要重新输入源代码，造成不必要的重复工作。

1.3.2　源程序的编译

在编辑和保存了源程序文件 Test01_1.C 后，下一步要进行的工作就是对该文件进行编译，打开主菜单栏的"Build"（组件）菜单，选择"Compile Test01_1.C"命令，如图 1.12 所示。

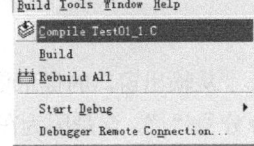

提示： 由于已经指定了文件名 Test01_1.C，因此在 Build 菜单的 Compile 命令中就自动显示了当前要编译的源程序文件名 Test01_1.C。

图 1.12　Build 菜单

在选择了编译命令后，弹出一个对话框，如图 1.13 所示。提示内容是：编译命令要求一个活动的项目工作区，是否要建立一个默认的项目工作区？此处必须同意由系统建立默认的项目工作区，然后才能开始编译。因此，单击 Yes 按钮。

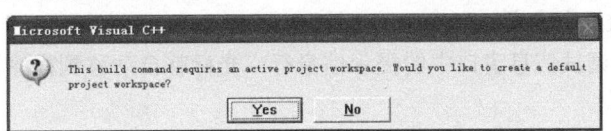

图 1.13　建立默认工作区提示对话框

也可以不用选择菜单命令的方法，而直接单击调试工具栏的 Compile 按钮，或按 Ctrl+F7 快捷键来编译。

编译系统在执行编译操作时，首先检查源程序有无语法错误，如果有错误（error）或警告（warning），将会在输出窗口中显示出错的位置和性质，并给出错误原因提示，如图 1.14 所示。如果没有错误和警告，将会在输出窗口显示"0 error(s), 0 warning(s)"。

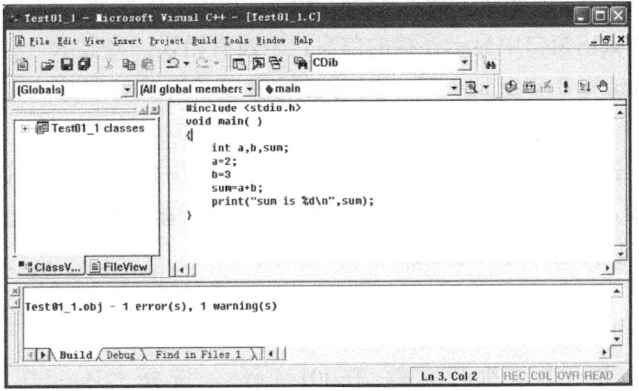

图 1.14　调试程序时的错误提示窗口

如果程序有错，就要对程序进行调试。程序调试的任务是发现和改正程序中的错误，使程序能够正常运行。错误分为两类：一类是严重错误，用 error 表示，程序中有这类错误就不能通过编译，无法形成目标程序，更不能运行；另一类是轻微错误，以 warning（警告）表示，这类错误不影响生成目标程序和可执行程序，但有可能影响程序得到正确的结果，因此也应当改正。

在图 1.14 所示的输出窗口中可以看到提示信息，指出有 1 个 error 和 1 个 warning。向上拖动输出窗口右侧的滚动条，可以看到出错的位置和性质，如图 1.15 所示。

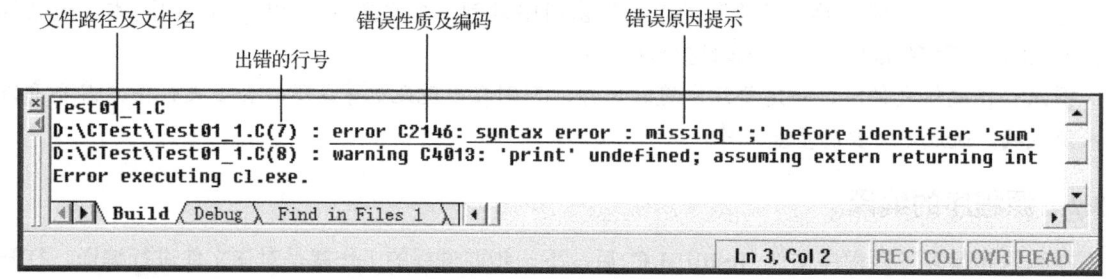

图 1.15　输出窗口错误提示信息

从输出窗口的提示信息可以看到，第 7 行有严重错误，含义是：语法错误，标识符 sum 前面缺少分号";"。这是因为在第 6 行后面漏了分号。第 6 行的错误却提示在第 7 行，是因为 C 语言允许将一个语句分成几行来写，在检查完第 7 行还没有发现分号才提示出错。因此，在调试程序时，不能局限于出错提示行，还应该检查其上下相邻的行。

第 8 行的错误在于 printf 函数名少写了一个字母 f，该程序中并没有定义一个名为 print 的函数，因此提示 print 函数没有定义。

进行改错时，双击调试信息窗口中的提示信息行，光标就自动移到程序窗口中的错误所在行，并用粗箭头指向该行。

根据提示信息，对程序进行修改，修改完毕后再单击编译按钮◎再次编译，如果还有错误，应该继续修改，直到没有错误为止，此时将会在输出窗口显示"Test01_1.obj - 0 error(s), 0 warning(s)"，表示已经生成了目标程序 Test01_1.obj，然后就可以连接和运行程序了。

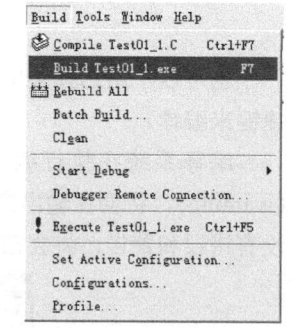

图 1.16　Build 菜单

1.3.3　目标程序的连接

编译成功后生成目标程序，就可以对程序进行连接了。选择"Build"（组建）→"Build Test01_1.exe"（组建 Test01_1.exe）命令，如图 1.16 所示。

在完成连接后，在输出窗口中显示连接的信息，若没有错误，将显示"Test01_1.exe - 0 error(s), 0 warning(s)"，表明已经生成了可执行程序 Test01_1.exe。

上面介绍的是分步进行编译和连接，也可以选择图 1.12 中的"Build"（组建）命令或按 F7 快捷键同时完成编译和连接。对于初学者来说，还是建议分步进行编译和连接，便于分别修改编译和连接中的错误，等到上一步完全正确后才继续下一步操作。

1.3.4　程序的运行

连接正确后，得到一个可执行文件 Test01_1.exe。选择"Build"（组建）→"Execute Test01_1.exe"命令，见图 1.16。也可以直接按快捷键 Ctrl+F5 或单击编译工具栏的执行程序按钮 ！。

程序执行后，激活输出结果的窗口，显示运行结果，如图 1.17 所示。

图 1.17　输出结果的窗口

该程序在屏幕上的输出结果为：

　　　　sum is 5

输出信息的最后一行 "Press any key to continue" 并不是程序的输出，而是 Visual C++ 6.0 系统在输出完运行结果后自动加上的一行信息，通知用户 "按任意键继续"。当按下键盘上的任意键后，输出结果的窗口关闭，返回 Visual C++ 6.0 主窗口。

　　提示：如果需要编辑另一个程序，应先选择 "File"（文件）→ "Close Workspace"（关闭工作空间）命令，结束对当前程序的操作，然后再按 1.3.1 节介绍的方法编辑下一个程序。

1.4　Visual C++ 6.0 常见调试错误及解决方法

1.4.1　Visual C++ 6.0 常见编译错误

1．error C2001: newline in constant

含义：在常量中出现了换行。

说明：有如下程序：

```
#include <stdio.h>
int main( )
{
    printf("I am a student!\n
            I love China!\n");
    return 0;
}
```

该程序想用一个 printf 语句在屏幕上输出两行信息："I am a student!" 和 "I love China!"。在 printf 语句中把两个字符串写在了两行，编译时就出现了上面的错误提示。

错误分析：出现该错误的原因可能是以下几种情况之一：

① 字符串常量、字符常量中有换行。

② 字符串常量的尾部漏掉了双引号。如 printf("I am a student!\n)，在右括号前面漏掉了双引号。

③ 字符串常量中出现了双引号字符 """"，但是没有使用转义字符 "\""。

④ 字符常量的尾部漏掉了单引号。

⑤ 在语句的尾部或中间误输入了一个双引号。

解决方法：把第二行移到第一行末尾，把 printf 语句写在一行中；或者在原第一行的末尾加一个续行符'\'（C 语言允许将一句话写在多行上，但要加续行符'\'）；或者用两个 printf 语句分别输出这两句话。

2．error C2084: function 'void __cdecl main( )' already has a body

含义：main( )函数已经有了一个函数体。

说明：有如下程序：

```
#include <stdio.h>
int main( )
{
    int a,b,sum;
    a=2;
    b=3;
    sum=a+b;
    printf("sum is %d\n",sum);
    return 0;
}

#include <stdio.h>
int main( )
{
    printf("This is a C program.\n");
    return 0;
}
```

如果在调试完第一个程序后，没有关闭第一个程序，而是在后面接着编写第二个程序，在编译时就会出现上述错误提示信息。

错误分析：一个 C 语言程序中有且只能有一个 main 函数，上面已经有了一个 main 函数，编译到第二个 main 函数时，系统认为与上面的重复了，因此出现这样的错误提示。

解决方法：一个程序调试完毕后，一定要关闭工作空间后再新建下一个源程序文件，然后再编辑新程序。一个工作空间中有且只能有一个 main 函数。

3．warning C4013: 'printf ' undefined; assuming extern returning int

含义：printf 未定义，假定返回值为 int。

说明：有如下程序：

```
int main( )
{
    printf("This is a C Program.\n");
    return 0;
}
```

粗略一看，该程序好像没什么问题，但在编译时，却显示有一个警告信息，提示 printf 没有定义。

错误分析：C 语言没有提供输入和输出语句，其输入/输出功能均由函数来实现，printf 函数是 C 语言最常用的标准输出函数（scanf 函数是最常用的标准输入函数），即通常所说的 C 语言对数据的输入/输出实行函数化。这些函数是由系统定义好的（称为库函数），可以直接使用，不需要再次定义，但在使用这些库函数时，需要在程序开头使用编译预处理命令"#include <stdio.h>"或"#include "stdio.h""。

Turbo C 2.0 规定，由于 printf 函数和 scanf 函数使用频繁，使用这两个函数时可以不加#include 命令。因此，一些参考资料上常没有该预处理命令。但该规则不适用于 Visual C++ 6.0。Visual C++ 6.0 是一个 C++编译器，语法检查严格，必须加上库函数对应的头文件（扩展名为.h）。例如，使用数学函数 sqrt、pow、sin、cos、log10、log、fabs 等需要包含对应的头文件 math.h，使用字符串函数 strcpy、strcat、strlen 等需要包含对应的头文件 string.h。

解决方法：在程序的第一行加上编译预处理命令"#include <stdio.h>"或"#include "stdio.h""。

4．error C2146: syntax error : missing ';' before identifier 'b'

含义：语法错误：在标识符 b 前面缺少分号。

说明：有如下程序：

```
#include <stdio.h>
int main( )
{
    int a,b,sum;
    a=2                 // 此处缺少分号
    b=3;
    sum=a+b;
    printf("sum=%d\n",sum);
    return 0;
}
```

该程序中，赋值语句"a=2"后面应该有一个分号作为语句结束符，由于不小心漏掉了，于是编译时引发了上面的错误提示。

错误分析：这是 Visual C++ 6.0 在编译时最常见的误报，当出现这个错误时，往往所指的语句是在下一行，而所指的行并没有缺少分号，而是它的上一条语句缺少分号。因为 C 语言允许把一句话写在多行上，当检查到下一条语句时才能确定上一条语句缺少分号，因此这类错误总是提示在下一行。更合适的描述是编译器报告在上一条语句的尾部缺少分号。

另外，上一条语句的很多种错误也都会导致编译器报出这个错误：

① 上一条语句的末尾真的缺少分号。

② 上一条语句不完整，或者有明显语法错误，或者根本不能算一条语句（有时候是无意中按到键盘所致）。

③ 如果发现发生错误的语句是源文件的第一行，在本文件中检查没有错误，而且这个文件使用双引号包含了某头文件，那么检查这个头文件，在这个头文件的尾部可能有错误。

解决方法：检查错误提示行的上一行末尾是否缺少分号，补上即可。

5．error C2018: unknown character '0x'。**

含义：未知字符'0x**'。

说明：有如下程序：

```
#include <stdio.h>
int main( )
{
    int a,b,sum;
    a=2；          // 此处是一个中文分号
    b=3;
    sum=a+b;
    printf("sum=%d\n",sum);
    return 0;
}
```

该程序中，赋值语句"a=2;"后面本该是一个英文分号，不小心写成了中文分号，编译系统不能识别中文符号，于是编译时引发了下面 3 个错误提示：

● error C2018: unknown character '0xa1'

● error C2018: unknown character '0xa3'

● error C2146: syntax error : missing ';' before identifier 'b'（语法错误：标识符 b 前面缺少分号）

这里，随着中文符号的不同，前两个错误提示里单引号中提示的字符不同，因为不同的中文字符编码不同。

错误分析：C 语言不能识别中文字符，不支持中文。对于注释的内容，C 语言编译系统将其忽略，而双引号中的内容是作为字符串处理的，除了这两种情况，不能使用中文字符。

解决方法：把中文分号改为英文分号。

6．error C2296: '&' : illegal, left operand has type 'char [5]'

含义：'&'：非法操作，左操作数类型是'char [5]'。

说明：有如下程序：

```
#include <stdio.h>
int main( )
{
    int a,b,sum;
    scanf("%d%d"&a,&b);
    sum=a+b;
    printf("sum=%d\n",sum);
    return 0;
}
```

从代码看，该程序的功能是从键盘读入两个整数，求和后输出结果。但由于 scanf 函数格式不对，在双引号""与取地址符"&"之间漏掉了分隔符逗号","，因此出现了上面的错误提示信息。

错误分析：scanf 函数的格式为：

```
scanf("格式控制",地址表列);
```

其功能是从键盘读入字符序列，并按双引号""中格式控制部分指定的格式转换成相应的数据，存储到逗号分隔符","后面的地址表列所指定的内存单元中。因此，逗号作为分隔符必不可少。同样，后面的地址表列中也是以逗号作为分隔符的，如果忘记了逗号，将会引发类似如下的错误提示：

```
error C2296: '&' : illegal, left operand has type 'int *'
```

解决方法：在双引号""与取地址符"&"之间添加逗号","即可。注意，是英文逗号","，不是中文逗号"，"。

7．error C2146: syntax error : missing ')' before identifier 'sum'

含义：语法错误：标识符 sum 前面缺少右括号")"。

说明：有如下程序：

```
#include <stdio.h>
int main( )
{
    int a,b,sum;
    scanf("%d%d",&a,&b);
    sum=a+b;
    printf("sum=%d\n"sum);
    return 0;
}
```

该程序是因为在 printf 函数的双引号""与变量 sum 之间漏掉了分隔符逗号","，因此出现了上面的错误提示信息。

错误分析：printf 函数的格式为：

```
printf("格式控制", 输出表列);
```

其功能是在显示器的当前光标处输出若干个任意类型的数据。输出格式由格式控制部分指定，输出数据由输出表列部分指定，两部分之间由逗号","分隔。漏掉逗号后系统认为是在 sum 前面漏掉了右括号，其实并不是漏了右括号，而是漏掉了逗号。

解决方法：在双引号""与变量名 sum 之间添加逗号","即可。同样要注意，是英文逗号，不是中文逗号。

8. error C2065: '***' : undeclared identifier

含义: ***是未声明的标识符。

说明: 有如下程序:

```
#include <stdio.h>
int main( )
{
    int a,b;
    scanf("%d%d",&a,&b);
    sum=a+b;
    printf("sum=%d\n",sum);
    return 0;
}
```

该程序忘记了定义变量 sum，程序编译到第 6 行时发现变量 sum 没有定义过，因为 C 语言要求变量必须先定义、后使用，因此便引发错误:

```
error C2065: 'sum' : undeclared identifier
```

错误分析: 标识符是程序中出现的除关键字之外的词，通常由字母、数字和下划线组成，不能以数字开头，不能与关键字重复，并且区分大小写。变量名、函数名、符号常量名、数组名等都是标识符。所有标识符都必须先定义、后使用。

标识符有多种用途，所以错误也有多种原因:

① 如果***是一个变量名，那么通常是程序员忘记定义这个变量，或者是由于拼写错误、大小写错误所引起的。所以，首先检查变量名是否正确。

② 如果***是一个函数名，那么可能是函数没有定义、拼写错误或大小写错误，当然，也有可能是所调用的函数根本不存在。还有一种可能，函数的定义出现在函数的调用之后，而没有在调用之前对函数原型进行声明。

③ 如果***是一个库函数的函数名，比如 sqrt、fabs，那么需要检查在.C 文件开始处是否包含了这些库函数所在的头文件（.h 文件）。例如，使用 sqrt 函数需要包含头文件 math.h。

④ 标识符遵循"先定义、后使用"的原则。所以，对于变量名、函数名、数组名，都必须先定义、后使用。如果使用在前，声明在后，也会引发这个错误。

⑤ 前面某语句的错误也可能导致编译器误认为是这一句有错。如果前面的变量定义语句有错误，编译器在后面的编译中就会认为该变量从来没有定义过，以至于后面所有使用这个变量的语句都报这个错误。如果函数声明语句有错误（如声明的函数名就写错了），那么将会引发同样的问题。

解决方法: 此程序是因为变量 sum 没有定义，在前面的变量定义处添加 sum 的定义即可，若为其他原因引起的错误，则对照改正即可。

9. warning C4700: local variable 'a' used without having been initialized

含义: 局部变量 a 使用前未被初始化。

说明: 有如下程序:

```
#include <stdio.h>
int main( )
{
    int a,b,sum;
    sum=a+b;
    printf("sum=%d\n",sum);
    return 0;
}
```

该程序是忘记了给变量 a、b 一个确定的值，而在第 5 行直接使用 a、b 的值进行求和。因此，便引发上述错误提示，同时也提示：

　　　　warning C4700: local variable 'b' used without having been initialized

　　错误分析：由于变量 a、b 未初始化、未赋值，也没有给它输入一个数据，即它在使用前没有一个确定的值，如果直接使用就会出现类似 sum=−1717986920 的输出结果。因此，在使用一个变量前，必须给它一个确定的值，才能使用该变量参与运算。

　　解决方法：在第 5 行之前添加一个输入语句，从键盘输入 a、b 的值，或给变量 a、b 赋值，或初始化等，使其在使用前有一个确定的值，再参加运算。

10．error C2100: illegal indirection

　　含义：非法的间接操作。

　　说明：有如下程序：

```
#include <stdio.h>
#define PI 3.1415926;
int main( )
{
    double r,L;
    scanf("%lf", &r);
    L=2*PI*r;
    printf("L=%.2f\n", L);
    return 0;
}
```

　　该程序使用了一个宏定义命令，用标识符 PI 代替后面的 3.1415926，但在该命令最后加了一个分号。编译系统在进行宏替换时，将会用 "3.1415926;" 去代替程序中出现的 PI（注释和字符串中出现的 PI 不替换），因此语句 "L=2*PI*r;" 替换后就成了 "L=2*3.1415926;*r;"，所以出现了上面的错误提示信息。

　　错误分析：符号常量的定义形式为：

　　　　#define 符号常量名　常量表达式或字符串

即用一个标识符代表一个常量（标识符形式的常量），其值不能被改变，也不能再被赋值。需要注意的是，字符串后面不能有分号，如果有分号，将会连同分号一起去替换程序中的符号常量。

　　另外，字符串中间也不能包含空格，如果有空格，将会引发错误信息：

　　　　error C2143: syntax error : missing ';' before 'constant'（常量前面缺少分号）

　　解决方法：删除字符串后面的分号。如果字符串中间有空格，则删除空格即可。

11．warning C4305: '=' : truncation from 'const double ' to 'float '

　　含义：double 型常量赋值给 float 型变量时出现截断。

　　说明：程序同上，编译时在第 7 行出现上面的警告信息。

　　错误分析：C 语言中的实型数据在参与运算时都按 double 型处理，因此表达式 2*3.1415926*r 的类型为 double 型。在把一个 double 型数据赋值给 float 型变量时，由于 double 型数据的精度高（有效数字位数达 16 位），而 float 型数据的精度低（有效数字位数仅 7 位），系统会把多余的有效数字截断，因此就会出现上面的警告信息。

　　另外，当把一个实型常量赋值给 float 型变量时（如 "r=2.3;"），也会出现上面的警告信息，因为 C 语言把实型常量 2.3 默认为 double 型。

　　解决方法：由于一般程序对运算数据的精度要求不高，对这类警告信息可以置之不理。如果确认要做这样的赋值，可以使用强制类型转换，即写成 "L=(float)(2*PI*r);"。对精度要求高时，可以直接把变量的类型定义为 double 型，即把变量定义写成 "double r,L;"。

12．error C2106: '=' : left operand must be l-value

含义：赋值号"="的左操作数必须是左值。

说明：有如下程序：

```
#include <stdio.h>
int main( )
{
        double r,r1,r2,r3;
        printf("Input r1,r2,r3: ");
        scanf("%lf%lf%lf", &r1,&r2,&r3);
        1/r=1/r1+1/r2+1/r3;
        printf("r=%.2f\n", r);
        return 0;
}
```

该程序的题目要求为：有 3 个电阻 r_1、r_2、r_3 并联，编写程序计算并输出并联后的电阻值 r。已知电阻并联公式为：$\dfrac{1}{r}=\dfrac{1}{r_1}+\dfrac{1}{r_2}+\dfrac{1}{r_3}$。

这是初学者在把数学公式转换为 C 语言表达式时比较容易犯的一个错误，即把赋值号"="左边也写成一个表达式的形式，忘记了 C 语言只能给变量赋值。

错误分析：在 C 语言中，只能赋值给变量，而不能赋值给常量，赋值号左边必须是变量。表达式实际上是一个值，它是一个常量，因此也不能给一个表达式赋值。在把数学公式转换为 C 语言表达式时，往往需要先对公式做变换，使赋值号左边是变量的形式。

解决方法：对该公式做变换，写成如下的形式"r=1/(1/r1+1/r2+1/r3);"；或者把该操作分成两步来完成"t=1/r1+1/r2+1/r3; r=1/t;"，即先计算 t（假设 t 已被正确定义），再把 t 求倒数后赋值给 r；或者直接对上面的公式通分，求倒数，即写成"r=r1*r2*r3/(r2*r3+r1*r3+r1*r2);"。

13．error C2015: too many characters in constant

含义：字符常量中的字符太多。

说明：有如下语句：

```
char ch='12345';
```

要给字符常量赋值，不小心在单引号"'"中写了多个字符（超过 4 个），编译时就会出现上述错误提示。

错误分析：C 语言中用单引号来标识字符常量。单引号中必须有且只能有 1 个字符（使用转义字符时，转义字符所表示的字符当作 1 个字符），如果单引号中的字符数多于 4 个，就会引发这个错误。

值得注意的是，如果单引号中的字符数是 2～4 个，编译不报错，输出结果是这几个字符的 ASCII 码作为一个整数（int 型占 4 个字节）整体看待的最低字节内容。

另外，两个单引号之间不加任何内容，如语句："printf("%c\n",'');"，会引发如下错误：

```
error C2137: empty character constant
```

解决方法：检查字符常量是否正确，删除多余的字符。

14．error C2181: illegal else without matching if

含义：非法的 else，没有与之配对的 if。

说明：有如下程序：

```
#include <stdio.h>
int main( )
```

```
{
    char ch;
    printf("Input ch: ");
    scanf("%c",&ch);
    if (ch>='0' && ch<='9');
        printf("numeric\n");
    else
        printf("other\n");
    return 0;
}
```

该程序的功能是判断输入的字符是否数字字符。如果是，输出 numeric；否则输出 other。这里用到了 if-else 语句做条件判断，满足表达式则说明是数字字符，否则不是。一些初学者在 if 表达式的末尾（右括号后边）习惯性地加上分号，因此引发了上面的错误提示。

错误分析：else 不能单独作为一条语句出现，必须要与 if 配对使用。此程序是因为在 if 表达式后面多了一个分号，系统认为 if 语句到此分号就结束了，成了一条单分支语句，下面的语句"printf("numeric\n");"就不再属于 if 语句，而成为 if 语句的后继语句，else 部分不能再与前面的 if 配对，成为一条单独的语句。这是 C 语言不允许的，因此出现了上面的错误提示。

解决方法：去掉 if 表达式后面的分号即可。另外，如果 if 下面有超过一条语句，必须用花括号"{}"括起来构成一条复合语句。

15．error C2146: syntax error : missing ';' before identifier 'printf'

含义：语法错误：标识符 printf 前面缺少分号。

说明：有如下程序段：

```
int i;
double fact,sum;
i=1; sum=0; fact=1;
do
{
    fact=fact*i;
    sum+=fact;
    i++;
}while(i<=20)
printf("%.0lf\n",sum);
```

该程序是使用 do-while 语句计算 1!+…+20!。在 do-while 语句的表达式末尾漏掉了分号，该错误提示类似于前面讲过的第 4 条提示。

错误分析：while 语句和 do-while 语句很明显的一点不同之处，就在于 while 语句的循环体在后面，因此表达式后面没有分号，如果加了分号就表示循环体是空语句，这往往与原意不符。而 do-while 语句的循环体在前面，因此在表达式后面必须有分号，习惯使用 while 语句的初学者往往在使用 do-while 语句时漏掉分号。

解决方法：do-while 语句中，表达式后面的分号必不可少，把缺少的分号补上即可。

16．warning C4716: 'fun' : must return a value

含义：fun 函数必须返回一个值。

说明：有如下程序段：

```
int fun(int x,int y)
{
    int s;
    s=x+y;
}
```

从程序看，函数 fun 的功能是计算形参 x 与 y 之和，并返回结果 s。因为没有用 return 语句返回一个确定的值，出现了上面的警告信息。

错误分析：函数执行完毕后可以带回一个返回值，但必须通过 return 语句返回。return 语句的作用是终止当前函数的执行并将一个确定值带回主调函数中。对于有返回值的函数（由函数名前面的函数类型指定），若没有 return 语句，或 return 语句后面没有表达式，将返回一个不确定的值。为了明确表示函数执行完后"不带回值"，可以用 void 定义"无类型"（或称"空类型"），即无返回值。

解决方法：在函数体的最后添加一行 return 语句"return(s);"，表示把 s 的值作为返回值带回主调函数。

17．error C2082: redefinition of formal parameter '*'

含义：形参'*'重复定义。

说明：有如下程序：

```
#include <stdio.h>
int sum(int a,int b)
{
    int a,b,s;
    s=a+b;
    return(s);
}
int main( )
{
    int x,y;
    scanf("%d%d",&x,&y);
    printf("%d\n",sum(x,y));
    return 0;
}
```

该程序要通过一个函数，计算并返回参数 a 与 b 的和，但由于在函数 sum 中重复定义了变量 a、b，因此出现了两处错误提示：

```
error C2082: redefinition of formal parameter 'a'
error C2082: redefinition of formal parameter 'b'
```

错误分析：形参属于局部变量，可以在定义它的函数中使用，但形参不能再次定义，或者说不能再定义与形参同名的变量。

解决方法：去掉函数体内对形参 a 和 b 的重复定义，或修改与形参同名的变量。

18．error C2198: 'sum' : too few actual parameters

含义：sum 函数实参太少。

说明：在上面的程序中，如果 main 函数写成如下形式：

```
int main( )
{
    int x,y;
    scanf("%d%d",&x,&y);
    printf("%d\n",sum(x+y));
    return 0;
}
```

即在 sum 函数的函数调用处，误把实参写成了 x+y，即只有一个实参，而形参需要两个，于是出现了上面的错误提示。

错误分析：在函数调用时，参数传递的实质是把实参的值赋值给形参，因此，要求实参与形参的个数应相等，类型应一致或赋值兼容，顺序要一一对应。形参只能是变量，而实参可以是常量、变量、表达式或具有返回值的函数调用，但要求它们有确定值，以便在函数调用时把这个值赋值给对应的形参变量。

解决方法：修改函数调用语句，使实参的个数和类型能与形参一一对应。

19．warning C4700: local variable 'p' used without having been initialized

含义：局部变量 p 使用前未被初始化。

说明：有如下语句：

```
int a=11,*p;
printf("%d",*p);
```

程序中定义了指针变量 p，但没有给 p 赋值（此时 p 指向不确定的内存单元）就想输出 p 所指向的变量的值。

错误分析：指针变量定义后，若不赋值，其值是不确定的，表示指向不确定的内存单元，这样的指针称为野指针。直接使用野指针访问它指向的内存单元（其实不知道它指向哪个内存单元）是很危险的，可能会破坏其他程序的数据，严重时还可能破坏操作系统数据，引起操作系统故障。因此，指针变量在使用前，必须赋值，使其指向某个确定的变量。为了不让指针变量指向任何变量，可以给指针变量赋空值（NULL），表示使指针变量不指向任何变量，以免误操作产生错误。

解决方法：在使用指针变量前，一定要给它赋值，使它指向某个确定的变量。比如，此处添加赋值语句"p=&a;"，使 p 指向变量 a，再输出*p 的值即可。

20．warning C4047: '=' : 'int *' differs in levels of indirection from 'const int '

含义：不能将 int 型常量直接赋值给 int 型指针变量。

说明：有如下语句：

```
int *p;
p=3000;
```

程序中定义了指针变量 p，然后直接给 p 赋一个整数值。

错误分析：内存单元地址从 0 开始编号，采用整数来表示，但系统把表示地址的数（指针）与整数（整型）区分为不同的数据类型。这两种数据类型不允许相互赋值，指针变量只能用同类型变量的地址进行赋值！

解决方法：指针变量 p 只能被赋值为一个 int 型变量的地址。

21．warning C4133: '=' : incompatible types - from 'float *' to 'int *'

含义：不能将 float 型指针赋值给 int 型指针变量。

说明：有如下语句：

```
int *p;
float x;
p=&x;
```

程序中定义了基类型为 int 的指针变量 p，然后给 p 赋值为一个 float 型变量的地址。

错误分析：C 语言规定，指针变量只能用同类型变量的地址进行赋值，不允许将一种变量的地址赋值给另一种类型的指针变量。

解决方法：指针变量 p 只能被赋值为一个 int 型变量的地址，变量 x 的地址只能赋值给一个 float 类型的指针变量。

22．error C2057: expected constant expression

含义：缺少常量表达式。

说明：有如下语句：

　　int n,a[n];

该语句的原意是定义一个变量 n，在程序运行过程中确定 n 的具体数值（比如从键盘输入 n 的值，或通过各种计算得到），然后再定义一个包含 n 个元素的数组，而 C 语言要求在编译时必须确定数组的元素个数，以便给数组分配内存单元。因此，在编译上面的语句时，引发 3 个错误提示：

　　error C2057: expected constant expression
　　error C2466: cannot allocate an array of constant size 0（不能分配一个大小为 0 的数组）
　　error C2133: 'a' : unknown size（'a' :不知道其大小）

错误分析：C 语言中的数组在定义时必须确定大小，以便在编译时给数组分配内存单元，因此在定义数组时，方括号内必须是常量表达式，一般是整数或符号常量，不能是变量。如果需要根据变量的值来定义数组大小，需要使用动态分配内存的方法。大体的结构如下：

　　int *a,n;　　　　　　　　　　　　// 定义 a 为指针变量
　　n=…　　　　　　　　　　　　　 // 程序运行过程中得到 n 的值
　　a=(int *)malloc(n*sizeof(int));　　// 申请 n 个 int 型元素的内存空间，首地址赋值给 a
　　…　　　　　　　　　　　　　　 // 访问数组元素 a[0]～a[n−1]
　　free(a);　　　　　　　　　　　　// 释放申请的内存空间

解决方法：定义数组时必须要保证方括号内是常量表达式，因此修改 n 为一个整型常量或符号常量，符号常量需要先定义，如：

　　#define N 10
　　int a[N];

如果程序运行前不能确定数组大小，可以将数组定义得足够大，以便容纳所有元素。

23．error C2078: too many initializers

含义：初值太多。

说明：有如下语句：

　　int a[5]={0,1,2,3,4,5};

该语句是要定义一个一维数组，并对其初始化，但由于提供的初值个数多于数组元素个数，因此引发了上面的错误提示。

错误分析：C 语言中的一维数组和二维数组在定义时允许对其初始化，但提供的初值个数不能多于数组元素个数（或者说不允许数组指明的元素个数小于初值个数），少于数组元素个数时，剩余的数组元素自动赋值为 0。二维数组在赋初值时，建议按行赋值，以便检查初值个数，即写成如下形式：

　　int a[3][4]={{1,2,3,4}, {5,6,7,8}, {9,10,11,12}};　　// 每行的元素均用花括号 "{}" 括起来

解决方法：增加数组元素个数或减少初值个数。

24．error C2087: '<Unknown>' : missing subscript

含义：未知：缺少下标。

说明：有如下语句：

　　int a[3][ ]={1,2,3,4,5,6,7,8,9};

该语句是要定义一个二维数组，并对其初始化，但只提供了二维数组的行数，省略了列数。

错误分析：C 语言中的二维数组在初始化时允许省略第一维大小（行数），但必须提供第二维大小（列数）。用二维数组名作为形参时同样不允许省略列数，可以省略行数。

解决方法：补充二维数组第二维大小。

25．warning C4133: '=' : incompatible types - from 'struct student *' to 'int *'

含义：=：struct student *赋值给 int *时类型不一致。

说明：有如下程序段：

```
struct student
{
    int num;
    char name[20];
    float score;
}stu;
int *ip;
ip=&stu;
```

该程序段定义了一个结构体变量 stu 和一个 int 型指针变量 ip，而直接把结构体变量 stu 的地址赋值给 int 型指针变量 ip，由于类型不一致出现了警告信息。

错误分析：C 语言中，同类型的指针可以相互赋值，不同类型的指针不允许相互赋值。在结构体与指针的相互操作中，可以使用指向结构体变量的指针或指向结构体成员的指针，但不能用指向结构体成员的指针指向该结构体变量，也不能用指向结构体变量的指针指向该结构体变量的某个成员。

解决方法：ip 只能存放 int 型变量的地址，此处可以指向结构体变量 stu 的 int 型成员，如 "ip=&stu.num;"。

26．error C2231: '.num' : left operand points to 'struct', use '->'

含义：.num：左操作数指向 struct 结构，使用'->'。

说明：有如下程序段：

```
struct student
{
    int num;
    char name[20];
    float score;
};
struct student *p,stu;
p=&stu;
*p.num=10001;
```

该程序段定义了一个结构体变量 stu 和一个该结构体类型的指针变量 p，并使 p 指向 stu，然后通过指针变量 p 来访问 stu 的成员，由于访问方式错误出现了以上警告信息，同时还出现了：

```
error C2100: illegal indirection
```

错误分析：当指针变量 p 指向结构体变量 stu 后，可以使用指针变量 p 来访问 stu 的成员，有两种形式：

● 指向运算符 "->"：是优先级最高的运算符，如 p->num。这种访问方式比较方便。

● 成员运算符 "."：优先级高于指针运算符 "*"，因此，采用这种形式时，必须加括号，写成 (*p)的形式，如(*p).num。

解决方法：给*p 加上一对圆括号或写成 p->num 的形式。

1.4.2　Visual C++ 6.0 常见连接错误

1．error LNK2001: unresolved external symbol _main

含义：未识别的外部符号_main。

说明：有如下程序：

```
#include <stdio.h>
int mian( )
{
    printf("This is a C program.\n");
    return 0;
}
```

该程序编译时，显示没有错误和警告，但在连接时，出现上面的错误提示，并引发另一个严重错误：

> fatal error LNK1120: 1 unresolved externals（1 个未解决的外部问题）

错误分析：这是初学者很容易犯的一个错误，是因为 main 函数名拼写错误，系统认为缺少 main 函数。

解决方法：检查 main 函数名的拼写或大小写是否正确，改正后即可。

2. error LNK2005: _main already defined in xxxx.obj

含义：_main 已经存在于 xxxx.obj 文件中。

说明：先调试了程序 Test01_1.C，没有关闭工作空间，又新建了一个 C 语言源程序文件 Test01_2.C，编译后没有错误，然后进行连接，出现错误提示：

> error LNK2005: _main already defined in Test01_1.obj

错误分析：这是初学者在初次编程时经常犯的一个错误。直接原因是该程序中有多个（不止一个）main 函数。这个错误通常不是由于在同一个文件中包含有两个 main 函数，而是在一个工作空间中包含了多个 C 语言源程序文件，而每个源程序文件中都有一个 main 函数。

引发这个错误的过程一般是这样的：调试完一个 C 语言程序，接着准备写第二个 C 语言程序，于是可能通过右上角的关闭按钮关闭了当前的 C 语言程序子窗口（或者没有关闭，这一操作不影响最后的结果），然后新建了一个新的 C 语言源程序文件。在这个新窗口中，程序编写完成，编译、连接，然后就发生了以上的错误。因为在创建第二个程序时，没有关闭原来的项目，所以无意中新建的 C 语言源程序文件加入到上一个程序所在的项目。切换到"File View"视图，展开工作区窗口的目录树时，就会发现有两个文件。

解决方法：当完成一个程序以后，在写另一个程序之前，一定要在"File"菜单中选择"Close Workspace（关闭工作空间）"命令，完全关闭前一个程序，才能开始调试下一个程序。避免这个错误的另一个方法是每次调试完一个程序，都把 Visual C++ 6.0 彻底关掉，然后重新打开，再写下一个程序。

3. fatal error LNK1168: cannot open Debug/***.exe for writing

含义：不能打开调试文件***.exe 来写内容。

说明：有如下程序：

```
#include <stdio.h>
int main( )
{
    int a,b,sum;
    scanf("%d%d",&a,&b);
    sum=a+b;
    printf("sum=%d\n",sum);
    return 0;
}
```

该程序编译、连接和运行时，都没有错误和警告，但其实没有运行完（运行的程序窗口没有关闭）而再次执行连接操作时，就会出现如下严重错误信息：

> fatal error LNK1168: cannot open Debug/Test01_2.exe for writing

错误分析：这是因为程序的一个实例还在运行，再次执行连接或运行操作，编译系统就不能再次以"写"方式打开 Test01_2.exe 文件（因为该文件已经被打开）了，因此就出现了这样的严重错误信息，其实程序本身并没有错误。

解决方法：程序的一次运行完成（关闭运行窗口）以后，再运行下一次。

4．You cannot close the workspace while a build is in progress. Select the Stop Build command before closing the workspace.

含义：当程序正在组建时不能关闭当前的工作空间，关闭工作空间前先执行"Stop Build"命令。

说明：有时执行编译操作后，程序没有响应，单击"Stop Build"命令也无法停止编译，此时如果强行关闭 Visual C++ 6.0，就会弹出如图 1.18 所示的对话框，提示上面的信息。

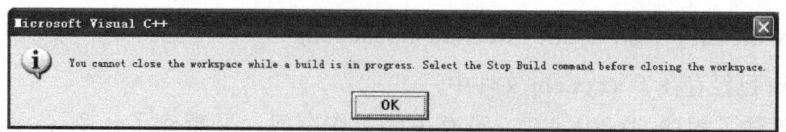

图 1.18　关闭 Visual C++ 6.0 对话框

错误分析：这不算是编译或连接错误，而是软件本身的问题，建议不要安装 Visual C++ 6.0 中文版，中文版的这个问题比较突出。

解决方法：可以打开 Windows 的"任务管理器"，在应用程序列表选中"Visual C++ 6.0"程序，单击"结束任务"按钮，然后结束该进程即可（有时一次不能结束该程序，需要多次单击"结束任务"按钮）。也可以安装 Visual C++ 6.0 英文版（SP6 以后的版本），英文版很少出现这个问题，尤其是 SP6 版本以后，几乎不会出现该问题。

第 2 章　Dev-C++上机过程

Dev-C++是 Windows 环境下的一个适合于初学者使用的轻量级 C/C++集成开发环境（IDE,
Integrated Development Environment）。它是一款自由软件，遵守 GPL 许可协议分发源代码。它
集合了 MinGW 中的 GCC 编译器、GDB 调试器和 AStyle 格式整理器等众多自由软件。原开发
公司 Bloodshed 在开发完 4.9.9.2 版本后停止开发，现在由 Orwell 公司继续更新开发，目前的最
新版本为 5.11。

Dev-C++是用 Delphi 语言开发出来的，具有很好的开放性，它与免费的 C++编译器和类库相
配合，共同提供一种全开放、全免费的方案。其中包括多页面窗口、工程编辑器等，并在工程编
辑器中集合了编辑器、编译器、连接程序和执行程序。同时，采用高亮度语法显示，以减少语法
错误。Dev-C++使用 MinGW/TDM-GCC 编译器，遵循 C++ 11 标准，同时兼容 C++ 98 标准。

可以访问 Dev-C++的主页 https://sourceforge.net/projects/dev-cpp/下载完全免费的最新版本。

Dev-C++的界面十分友好，而且提供了多种语言操作界面，包括汉语、英语、俄语、法语、
德语、意大利语等二十多种。只要在安装后初次运行时选择 Chinese，即可使用中文版本。

2.1　Dev-C++的安装

下面以最新版的 Dev-C++ 5.11 的安装过程为例，介绍在 Windows 7 操作系统中的安装过程。
Dev-C++ 5.11 的安装步骤为：

① 双击下载到的 Dev-Cpp.5.11.exe 安装程序图标，如图 2.1 所示。

② 安装程序开始解压文件，显示如图 2.2 所示的提示界面。

③ 文件解压完成后，显示选择语言对话框，如图 2.3 所示。

　　　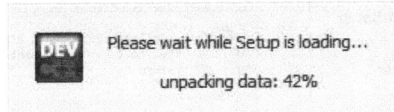　　　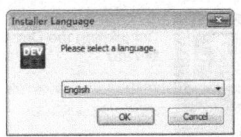

图 2.1　Dev-Cpp 图标　　　　　图 2.2　解压文件　　　　　图 2.3　选择语言

④ 默认选择"English"，不需要改动，直接单击"OK"按钮，打开安装协议对话框，如图 2.4
所示。

⑤ 只有同意协议才能继续安装，否则只能取消安装。因此，单击"I Agree"按钮，打开选择组
件对话框，如图 2.5 所示。

⑥ 默认选择全部组件，不需要安装的组件可单击复选框取消该项。如果不了解各组件的功能，
建议使用默认选择，即全部安装，然后单击"Next"按钮，打开选择安装位置对话框，如图 2.6 所示。

⑦ 默认安装在系统盘，Windows 7 系统中默认安装在"C:\Program Files (x86)\Dev-Cpp"，也可
以单击"Browse…"按钮选择其他位置。设置完成后单击"Install"按钮，开始安装，安装进度如图 2.7
所示。

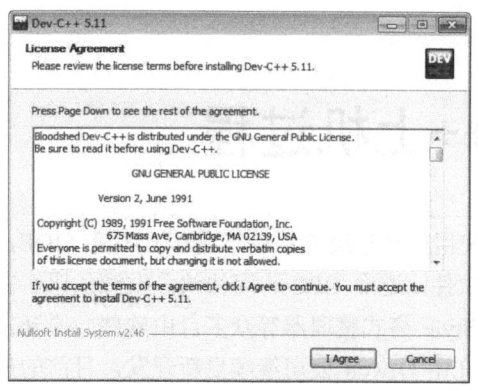

图 2.4　安装协议对话框

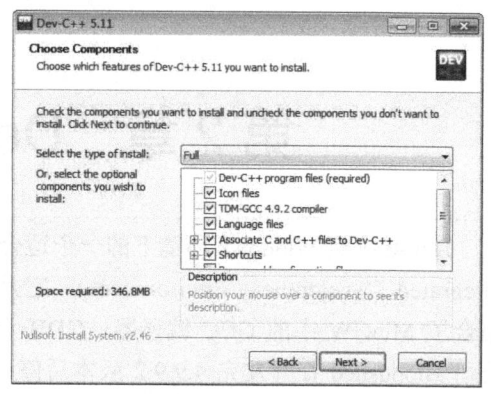

图 2.5　选择组件对话框

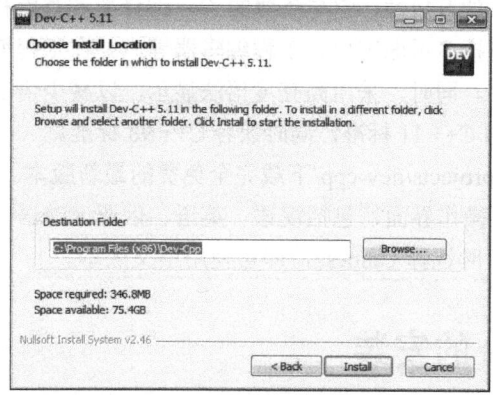

图 2.6　选择安装位置对话框

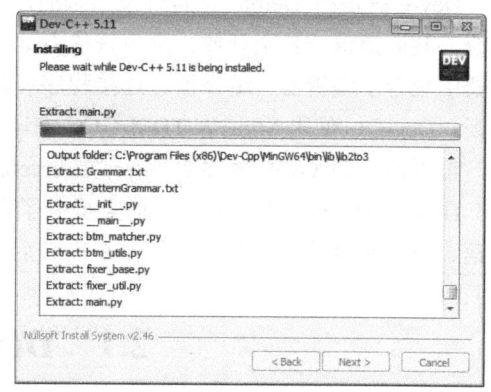

图 2.7　安装进度

⑧ 安装完成后，打开如图 2.8 所示的完成安装向导对话框。

⑨ 在如图 2.8 所示对话框中，默认选中"Run Dev-C++ 5.11"复选框，单击"Finish"按钮后，打开配置界面，如图 2.9 所示。

图 2.8　完成安装向导对话框

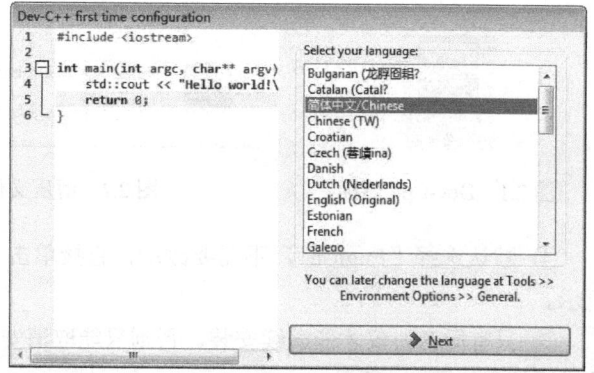

图 2.9　环境配置（1）

⑩ 初次使用可以进行一些开发环境的基本配置，如果更习惯使用中文，建议选择简体中文界面，然后单击"Next"按钮，打开如图 2.10 所示的对话框。

⑪ 可以设置代码的字体、颜色、图标等，也可以以后在"工具"→"编辑器选项"→"字体/颜色"中更改，此处采用默认设置，然后单击"Next"按钮，打开如图 2.11 所示的环境配置成功对话框。

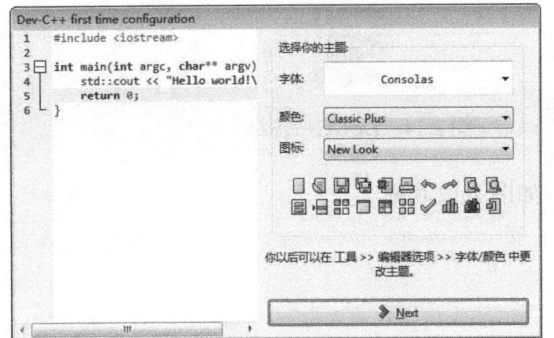
图 2.10　环境配置（2）

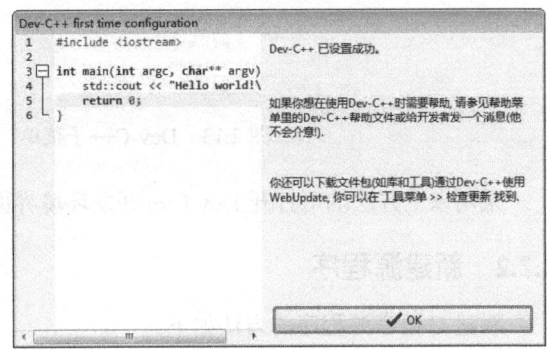
图 2.11　环境配置成功

⑫ 单击如图 2.11 所示的"OK"按钮，完成 Dev-C++的安装和配置，进入开发环境界面，如图 2.12 所示。

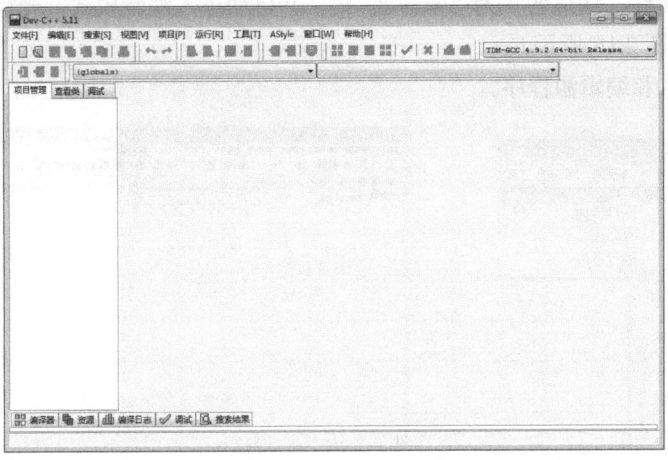
图 2.12　开发环境界面

2.2　Dev-C++开发环境的使用

Dev-C++是一个可视化集成开发环境，可以用来实现 C/C++程序的编辑、预处理/编译/连接、运行和调试。

2.2.1　启动 Dev-C++

启动 Dev-C++有以下两种方法。

1. 方法一

① 单击任务栏中的"开始"按钮，选择"所有程序"→"Bloodshed Dev-C++"，打开子菜单，如图 2.13 所示。

② 单击"Dev-C ++"菜单项，即可启动 Dev-C++集成开发工具。

2. 方法二

直接双击安装程序生成在桌面上的 Dev-C++的快捷方式图标，如图 2.14 所示。

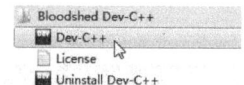

图 2.13　Dev-C++子菜单　　　　　　图 2.14　Dev-C++图标

采用以上方法均可打开 Dev-C++开发环境界面，如图 2.12 所示。

2.2.2　新建源程序

新建 C 语言源程序的方法如下。

① 在 Dev-C++主窗口中，依次选择"文件"→"新建"→"源代码"命令，如图 2.15 所示。

注意：如果窗口界面是英文的，则可以单击主菜单"工具"→"环境选项"，在弹出的对话框中选择"界面"选项卡，在"Language"下拉列表中选择"Chinese"，确定后关闭 Dev-C++主窗口，重新打开后操作界面改为中文模式。

② 建立一个新文件，默认名字为"未命名 1"，并自动进入编辑模式，光标在第 1 行跳动，同时左侧显示行号，如图 2.16 所示。

③ 在编辑区输入和编辑源程序。

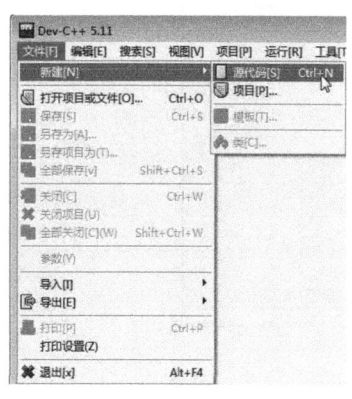　　　　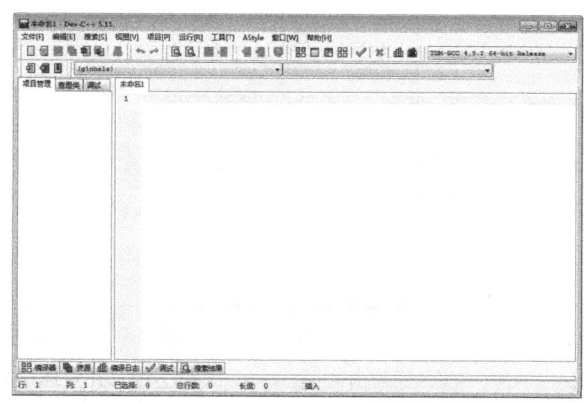

图 2.15　新建源代码　　　　　　　　　图 2.16　Dev-C++编辑窗口

2.2.3　保存源程序

创建源程序后，一个比较好的习惯是在还未输入代码之前，先将程序保存在指定位置，然后在程序编辑过程中经常性地保存程序，以防止计算机突然断电或死机，否则未保存的代码只能重新输入。

保存 C 语言源程序的方法为：

① 在 Dev-C++主窗口中，依次选择"文件"→"另存为"命令，如图 2.17 所示。

说明：未命名的文件第一次保存只能选择"另存为"命令，有名字的文件就可以选择"保存"命令，或用快捷键 Ctrl+S 快速保存。

② 选择"另存为"命令，弹出一个对话框，如图 2.18 所示。在"保存在"下拉列表中指定文件要存放的目录（此处指定为 D:\CTest），在"文件名"下拉列表中输入文件名称（此处为 ujn1000），在"保存类型"下拉列表中选择保存类型。需要注意的是，"保存类型"处一定要选择"C source files(*.c)"，意为保存的是一个 C 语言文件。

图 2.17　保存文件

图 2.18　保存文件

说明：文件命名时扩展名必须是.c 或.cpp，.c 表示是 C 语言源程序文件，.cpp 表示是 C++语言源程序文件。另外，文件命名时，一般采用易于标记和识别的名字，如用 ujn1000 表示济南大学 OJ 系统题号为 1000 的题，用 hdu1023 表示杭州电子科技大学 OJ 系统题号为 1023 的题。

③ 单击"保存"按钮，在 CTest 目录下新建一个名为 ujn1000.c 的源程序文件。

2.2.4　编辑源程序

完成以上操作后，就可以在编辑区输入程序代码了。

在输入代码的过程中，记得要随时对程序进行保存（使用菜单"File"→"Save"，或者用快捷键 Ctrl+S），此时会将程序保存到已命名的文件中。如果想将程序保存到其他路径下，或保存为其他名字，可按照 2.2.3 节介绍的方法执行"另存为"命令，重新指定文件的名称和保存路径。

编辑完成的 ujn1000.c 程序代码如图 2.19 所示。

说明：① 对于未保存的源文件，在编辑区上方的文件名前有 "[*]" 字样，表示程序有过修改，还没有保存，保存后该标志消失。② 若觉得编辑区的字号小或大了，可按住 Ctrl 键，再滚动鼠标滚轮，调整字号大小。

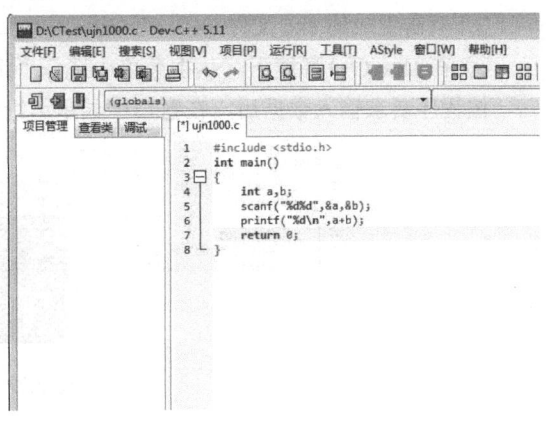

图 2.19　编辑源程序

2.2.5　编译与连接程序

程序编辑完成后，就可以编译和运行程序了。

从主菜单选"运行"→"编译"或直接按快捷键 Ctrl+F9，可以一次性完成程序的预处理、编译和连接过程。如果程序中存在词法、语法等错误，则编译过程失败，编译器将会在窗口下方的"编译器"标签页中显示错误信息，如图 2.20 所示，并且将源程序相应的错误行标成红色底色，同时在"编译日志"标签页中也会显示错误提示信息。

"编译器"和"编译日志"标签页中显示的错误信息是寻找错误原因的重要信息来源，要学会看这些错误信息，并且每一次碰到错误并且最终解决错误时，要记录错误信息及相应的解决方法。以后看到类似的错误提示信息时，能熟练反应出是哪里有问题，从而提高程序调试效率。

如果修改了程序中全部的词法、语法等错误后，再次编译，将在"编译日志"标签页中显示编译成功，如图 2.21 所示。此时在源文件所在目录下将会生成一个同名的.exe 可执行文件（如ujn1000.exe）。

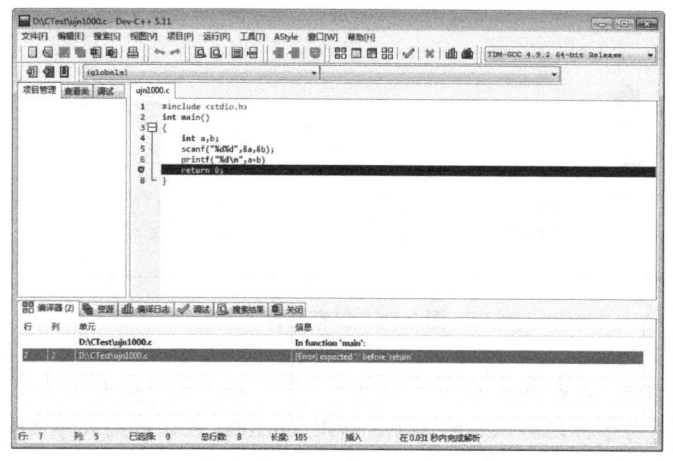

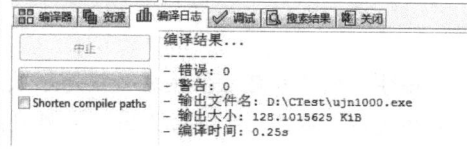

图 2.20 编译错误提示   图 2.21 编译成功

2.2.6 运行程序

对程序进行编译和连接后，可以有两种方法运行程序。

① 双击生成的.exe 文件。

② 在 Dev-C++环境下，从主菜单中选择"运行"→"运行"命令或按快捷键 F10 运行程序。按程序要求输入数据后，在窗口中显示运行结果及用时等信息，如图 2.22 所示。

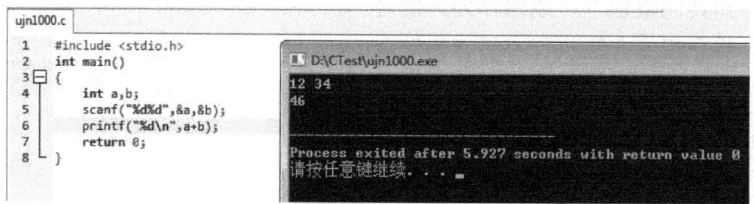

图 2.22 运行程序

说明：

① 在早期版本的 Dev-C++环境下运行程序时，结果显示屏幕将会一闪而过，看不到最后的运行结果。为了查看程序运行结果，需要在 main 函数最后的 return 语句前加上语句：

```
system("pause");
```

程序运行到该语句时，结果显示屏幕将会停留，用于查看程序的输出结果。但在 OJ 系统上提交作业时，需要将该语句删除。

② 如果在 32 位操作系统（如 Windows XP）中运行程序，需要把 Dev-C++主窗口右上角的运行环境选项改为"TDM-GCC 4.9.2 32-bit Release"。默认选项是"TDM-GCC 4.9.2 64-bit Release"，该选项适用于在 64 位操作系统（Windows 7 及后继系统）运行程序。

2.2.7　调试程序

通过编译和连接的程序仅说明程序中没有词法和语法等错误，而无法发现程序深层次的问题（如算法不对导致结果不正确）。当程序运行出错时，需要找出错误原因。仔细读程序来寻找错误固然是一种方法，但是有时光靠读程序已经解决不了问题，此时需要借助 IDE 的调试工具。这是一种有效的排错手段，每一位同学都需要掌握。

1. 设置断点

调试的基本思想是让程序运行到可能有错误的代码前，然后停下来，在人的控制下逐条语句地运行，通过在运行过程中查看相关变量的值，来判断错误产生原因。如果想让程序运行到某一行前能暂停下来，就需要将该行设成断点。

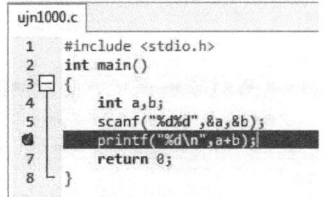

具体方法是：在代码所在行的行号处单击，或将光标移到该行后按 F4 键，该行将被加亮。默认的加亮颜色是红色。如图 2.23 所示，此处将 printf 语句设成断点，则程序运行完 scanf 语句后，将会暂停。

需要说明的是，可以根据需要在程序中设置多个断点。如果想取消不让某行代码成为断点，则在行号处再次点击鼠标，或光标定位到该行后按 F4 即可取消断点。

图 2.23　设置断点

2. 调试程序

设置断点后，此时程序运行进入 debug 状态。要想调试程序，就不能使用主菜单"运行"→"运行"命令，而需要用"运行"→"调试"命令（或按快捷键 F5）。

程序将运行到第一个断点处，此时断点处加亮色由红色变成蓝色，表示接下去将运行蓝色底色的代码，程序执行窗口也停留在该语句前，如图 2.24 所示。

说明：

① 若执行调试时，弹出如图 2.25 所示的提示信息，则需依次打开菜单"工具"→"编译选项"→"代码生成/优化"→"连接器"，把"产生调试信息"设置为"yes"，确定后关闭 Dev-C++并重新打开，重新编译程序再执行"调试"命令。

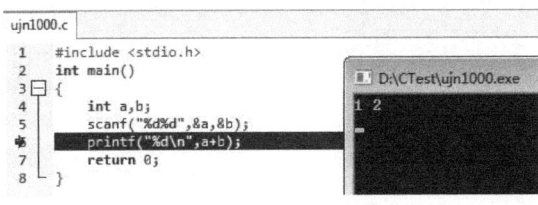

图 2.24　运行到断点

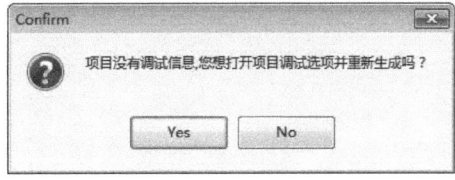

图 2.25　调试确认信息

② 有时即使设置了断点，执行了主菜单"运行"→"调试"命令，程序还是不在断点处停留。解决方法：取消断点，重新编译程序，然后再设置断点，重新执行"调试"命令即可。

3. 单步执行程序

如果要继续运行蓝色底色的代码，可以使用编辑区下方"调试"标签页中的"下一步"按钮，如图 2.26 所示。

各按钮功能说明如下：

● 下一步：快捷键 F7，运行下一行代码；如果下一行是对函数的调用，不进入函数体。

- 单步进入：快捷键 F8，运行下一行代码，如果下一行是对函数的调用，则进入函数体。
- 跳过函数：跳过系统函数调用语句的内部。
- 下一条语句：不进入语句内部，跳到下一条语句。
- 进入语句：进入语句内部，执行组成该语句的若干 CPU 指令。

4. 设置 watch 窗口

在调试程序时，有时需要查看程序运行过程中某些变量的值，以检测程序对变量的计算结果是否正确，可以在调试时通过"调试"标签页中的"添加查看"窗口来增加变量 watch，新增的变量将会显示在最左边的"调试"页中，如图 2.27 所示。

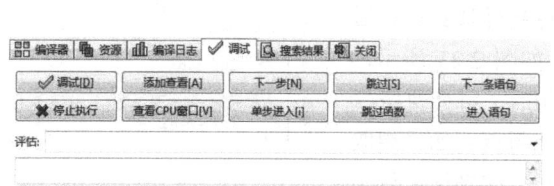

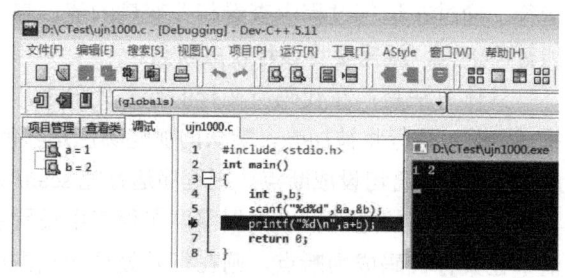

图 2.26　调试工具　　　　　　　　　　　　图 2-27　查看变量

Dev-C++的功能强大，各种功能的使用需要在实践中逐步掌握，多练习才能熟练运用。

第 3 章　CodeBlocks 上机过程

> 　　CodeBlocks 是一个开源、免费、跨平台的全功能 C/C++集成开发环境，CodeBlocks 支持十几种常见的编译器，个性化特性非常丰富，功能强大，易学易用。
>
> 　　CodeBlocks 由纯粹的 C++语言开发完成，它使用了著名的图形界面库 wxWidgets（2.6.2 unicode）版，集成了 C/C++编辑器、编译器和调试器于一体，能方便地编辑、调试和编译程序。对于追求完美的 C++程序员，CodeBlocks 功能强大、速度快、完全免费，因此在推出后很快得到了广大程序员的响应。
>
> 　　可以到 CodeBlocks 的主页 http://www.codeblocks.org/downloads/下载最新版本的安装文件。它同时提供了分别适应 Windows XP/Vista/7/8.x/10、Linux 32 and 64-bit、Mac OS X 操作系统的 3 种版本，用户需根据自己的操作系统选择相应版本下载。建议使用自带编译器的版本，否则手动配置编译器较为麻烦，所以下载时选择末尾带 "mingw-setup.exe" 的安装包下载。
>
> 　　目前最新的适应 Windows 平台的版本为 17.12。

3.1　CodeBlocks 的安装

　　下面以最新版 codeblocks-17.12mingw-setup.exe 的安装过程为例，介绍 CodeBlocks 在 Windows 7 操作系统中的安装过程。

　　安装步骤如下。

　　① 双击下载到的安装程序，如图 3.1 所示。

　　② 进入安装向导，显示如图 3.2 所示的欢迎页面。

　　③ 单击 "Next" 按钮，显示安装协议，如图 3.3 所示。

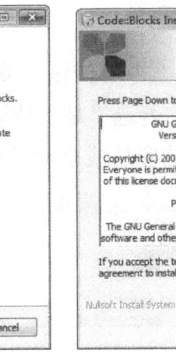

图 3.1　codeblocks 图标　　　　　　图 3.2　安装向导　　　　　　图 3.3　"安装协议" 对话框

　　④ 只有同意协议才能继续安装，否则只能取消安装，因此单击 "I Agree" 按钮，打开选择组件对话框，如图 3.4 所示。

　　⑤ 默认选择全部组件，不需要安装的组件可单击复选框取消该项。如果不了解各组件的功能，建议使用默认选择，即全部安装，然后直接单击 "Next" 按钮，打开选择安装位置对话框，如图 3.5 所示。

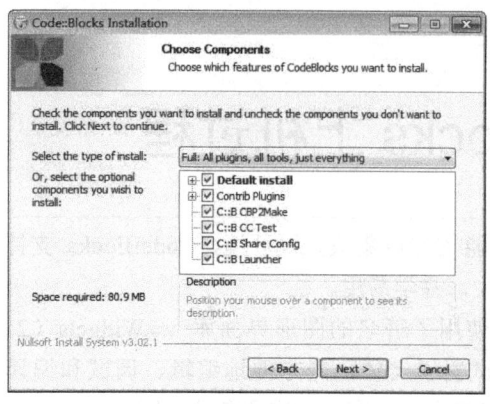

图 3.4　选择组件对话框　　　　　　　　　　　　图 3.5　选择安装位置

⑥ 默认安装在系统盘，Windows 7 系统中默认装在"C:\Program Files (x86)\CodeBlocks"，也可以单击"Browse…"按钮安装在其他位置。设置完成后单击"Install"按钮，解压文件，开始安装，安装进度如图 3.6 所示。

⑦ 文件复制完成后，提示是否要立即运行 CodeBlocks，如图 3.7 所示。

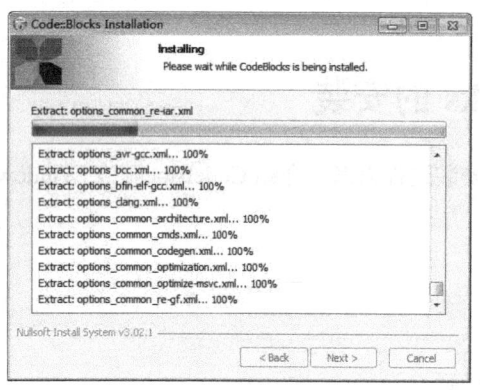
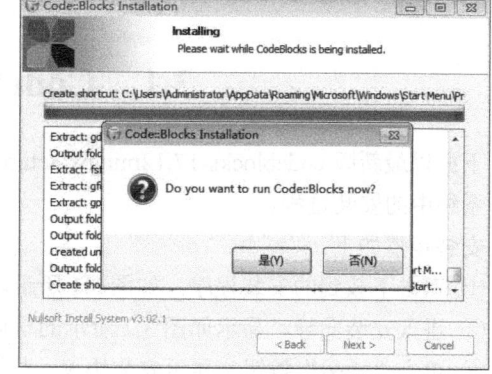

图 3.6　开始安装　　　　　　　　　　　　　　　图 3.7　立即运行提示

⑧ 无论选择"是"或者"否"按钮，安装程序窗口都会显示安装成功，如图 3.8 所示。若选"否"按钮，将直接显示该图。若选"是"按钮，则先显示如图 3.9 所示的版权页面，再打开程序主窗口，并在后台显示图 3.8 所示的安装成功对话框。

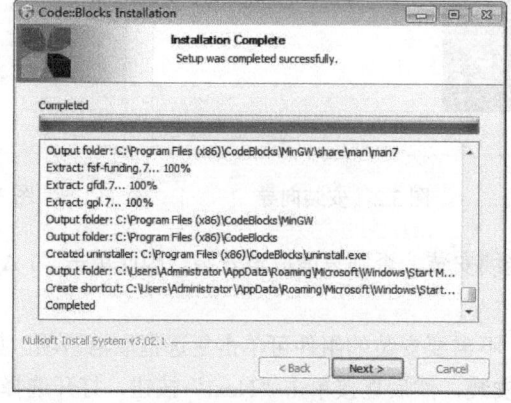

图 3.8　安装成功

（9）单击图 3.8 中的"Next"按钮，打开安装完成对话框，如图 3.10 所示。

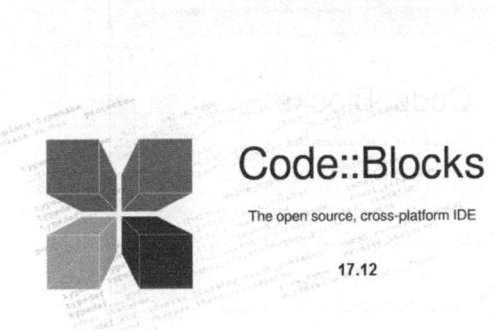
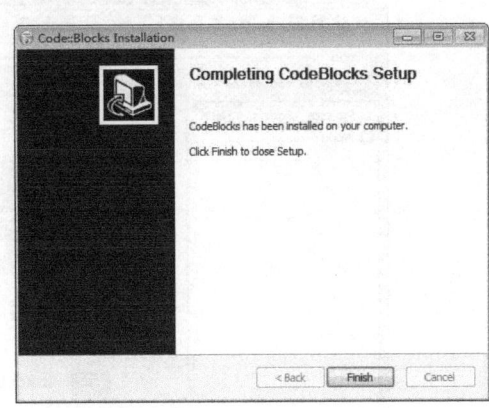

图 3.9　版权页面　　　　　　　　　　　　　　　　图 3.10　安装完成

（10）单击"Finish"按钮，完成安装。

3.2　CodeBlocks 开发环境的使用

CodeBlocks 是一个 C/C++集成开发环境，可以用来实现 C/C++程序的编辑、预处理/编译/连接、运行和调试。

3.2.1　启动 CodeBlocks

启动 CodeBlocks 有以下两种方法。

1．方法一

① 单击任务栏中的"开始"按钮，选择"所有程序"→"CodeBlocks"命令，打开子菜单，如图 3.11 所示。

② 单击"CodeBlocks"菜单项，即可启动 CodeBlocks 集成开发工具。

2．方法二

直接双击安装程序生成在桌面上的 CodeBlocks 图标，如图 3.12 所示。

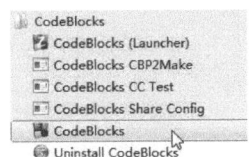

图 3.11　CodeBlocks 子菜单　　　　　　　图 3.12　CodeBlocks 图标

采用以上方法均能启动 CodeBlocks，打开的主窗口如图 3.13 所示。

在主窗口的顶部是 CodeBlocks 的菜单栏。其中包含 15 个菜单项：File（文件）、Edit（编辑）、View（查看）、Search（搜寻）、Project（项目）、Build（构建）、Debug（调试）、Settings（设置）和Help（帮助）等。

主窗口左侧是项目工作管理区，用来显示所设定工作区的信息和所有子程序。右侧是程序编辑窗口，用来输入和编辑源程序。下方是信息显示窗口，主要查看编译信息等。

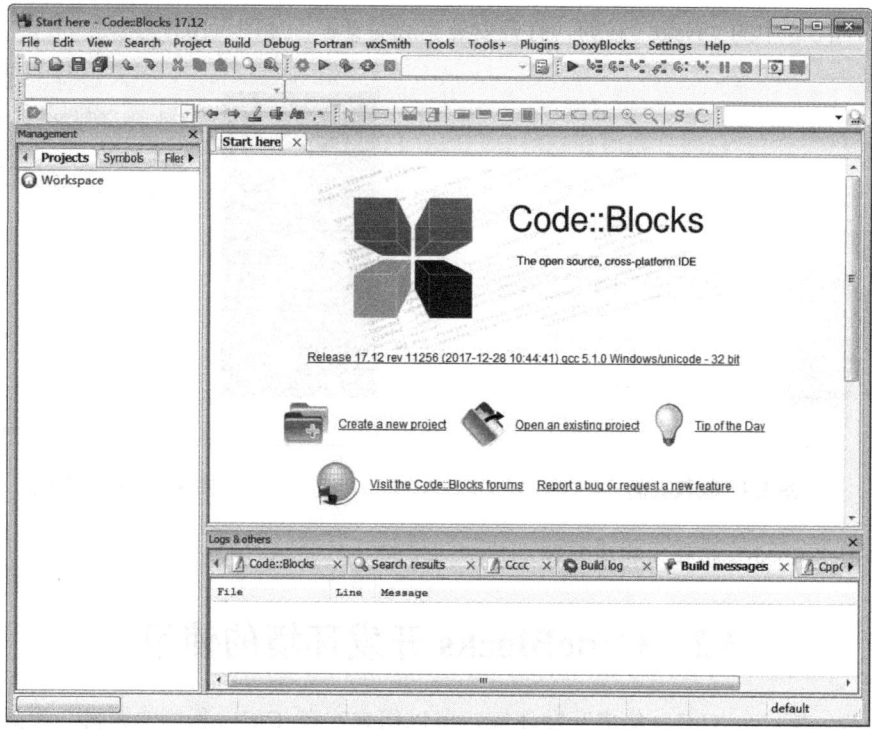

图 3.13　CodeBlocks 主窗口

3.2.2　新建源程序

新建 C 语言源程序的方法为：

① 在 CodeBlocks 主窗口中，依次选择"File"→"New"→"File"命令，如图 3.14 所示。

② 打开"New from template"对话框，如图 3.15 所示。

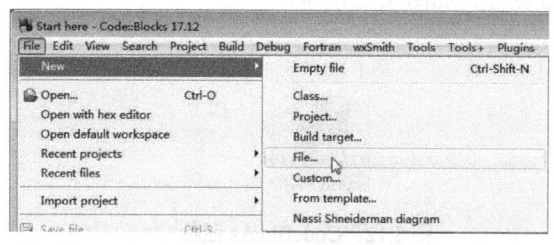

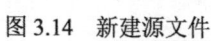

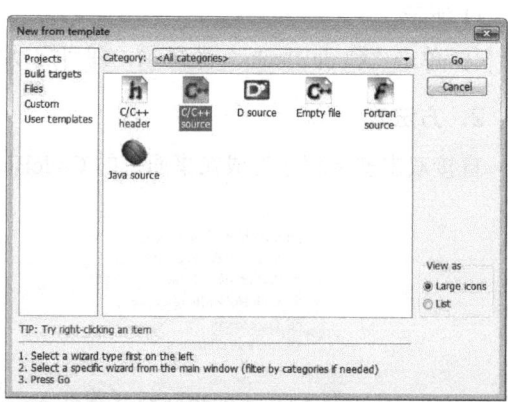

图 3.14　新建源文件　　　　　　　　　　　图 3.15　"New from template"对话框

③ 选择"C/C++ source"，单击"Go"按钮，打开欢迎向导对话框，如图 3.16 所示。

在该对话框中，可以选中复选框，下次将不再显示该页面。

④ 单击"Next"按钮，打开语言选择对话框，如图 3.17 所示。

⑤ 如果编写 C 语言程序则选择"C"，编写 C++程序则选择"C++"。选择"C"后，单击"Next"按钮，打开如图 3.18 所示的设置路径和文件名对话框。

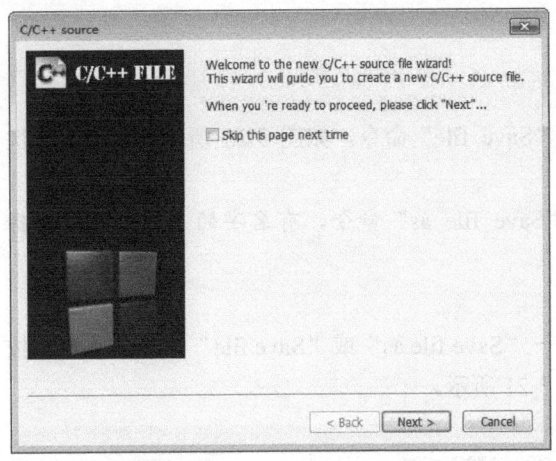
图3.16　欢迎向导对话框

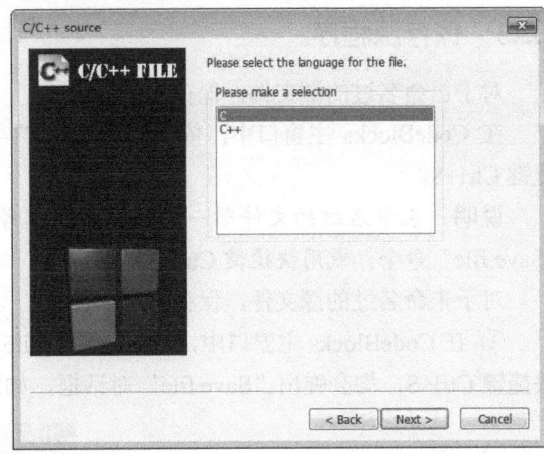
图3.17　语言选择对话框

⑥ 此处需要设置文件的完整路径（即文件的保存位置）及文件名，可直接输入，或单击后面的浏览按钮 ，打开"Select filename"对话框，如图3.19所示。

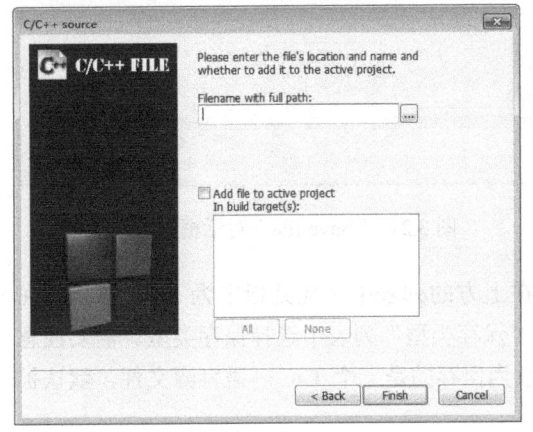
图3.18　设置路径和文件名对话框

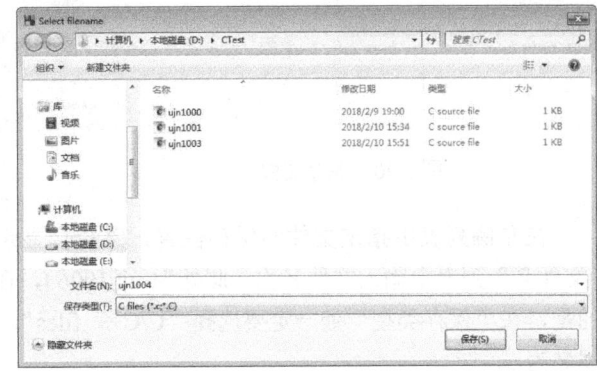
图3.19　"Select filename"对话框

此处把保存位置设为"D:\CTest"，主文件名设为"ujn1004"。

说明： 文件命名时扩展名必须是.c 或.cpp，.c 表示是 C 语言源程序文件，.cpp 表示是 C++语言源程序文件。

⑦ 单击"保存"按钮后，返回设置路径和文件名对话框，可以看到系统自动在"Filename with full path"文本框中填入了"D:\CTest\ujn1004.c"。如果熟悉路径，也可以直接手动输入。设置完成后，单击"Finish"按钮，进入编辑模式，光标在主窗口编辑区第 1 行跳动，同时左侧显示行号，然后就可以输入和编辑源程序了。

上述建立新文件的方法稍微复杂，下面介绍一种较为快速的方法。

① 在 CodeBlocks 主窗口中，依次选择"File"→"New"→"Empty file"命令，或按快捷键 Ctrl+Shift+N，新建一个默认名称为"Untitled*"的文件，其中*为数字 1、2、3……。

② 保存文件，给文件命名，如 ujn1005.c。然后就可以输入和编辑源程序了。

这样就可以快速建立一个文件了，熟悉后可采用这种方法。

3.2.3 保存源程序

对于已命名过的源文件，保存方法为：

在 CodeBlocks 主窗口中，依次选择"File"→"Save file"命令，如图 3.20 所示，或直接按快捷键 Ctrl+S。

说明：未命名过的文件第一次保存只能选择"Save file as"命令，有名字的文件就可以选择"Save file"命令，或用快捷键 Ctrl+S 快速保存。

对于未命名过的源文件，保存方法为：

① 在 CodeBlocks 主窗口中，依次选择"File"→"Save file as"或"Save file"命令，或直接按快捷键 Ctrl+S，均会弹出"Save file"对话框，如图 3.21 所示。

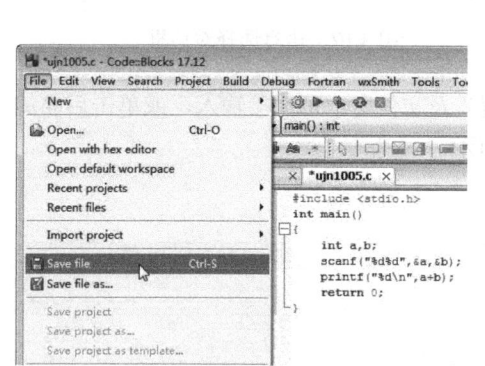

图 3.20 保存文件

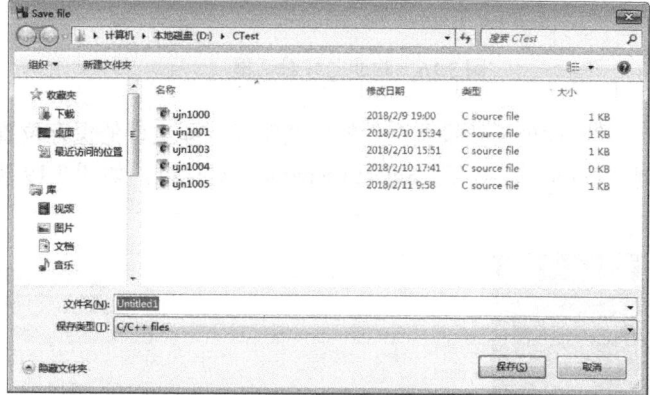

图 3.21 "Save file"对话框

在左侧列表中指定文件的保存位置，路径会显示在上方的列表中（此处指定为 D:\CTest），在"文件名"列表中输入文件名称（此处为 ujn1006），在"保存类型"列表中选择保存类型。需要注意的是，在"保存类型"处一定要选择"C/C++ files"，意为保存的是一个 C/C++语言源文件，默认扩展名为.c。

② 单击"保存"按钮，在 CTest 目录下保存为名为 ujn1006.c 的源文件。

3.2.4 编辑源程序

完成以上操作，即可在编辑区输入程序代码了。

在输入源代码的过程中，记得要随时对程序进行保存（使用菜单"File"→"Save file"，或直接按快捷键 Ctrl+S），此时会将程序保存到已命名的文件中。如果想将程序保存到其他路径下，可按照 3.2.3 节介绍的方法执行"Save file as"命令，指定文件的名称和保存路径。

编辑完后的 ujn1006.c 程序代码如图 3.22 所示。

说明：① 对于未保存的源文件，在编辑区上方的文件名前有"*"，表示程序有过更改，还没有保存，保存后该标志消失。② 若觉得编辑区的字号小或大了，可按住 Ctrl 键，再滚动鼠标滚轮，调整字号大小。

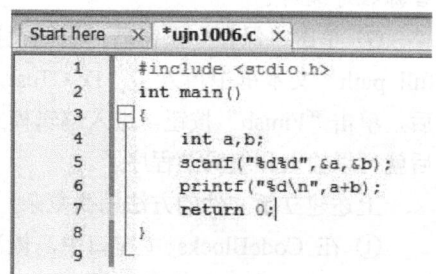

图 3.22 编辑源程序

3.2.5　编译与连接程序

程序编辑完成后，就可以编译和运行程序了。

从主菜单选择"Build"→"Build"命令或直接按快捷键 Ctrl+F9，可以一次性完成程序的预处理、编译和连接过程。如果程序中存在词法、语法等错误，则编译过程失败，编译器将会在屏幕右下角的"Build messages"标签页中显示错误信息，如图 3.23 所示，并且将源程序相应的错误行号处标记成红色方块。

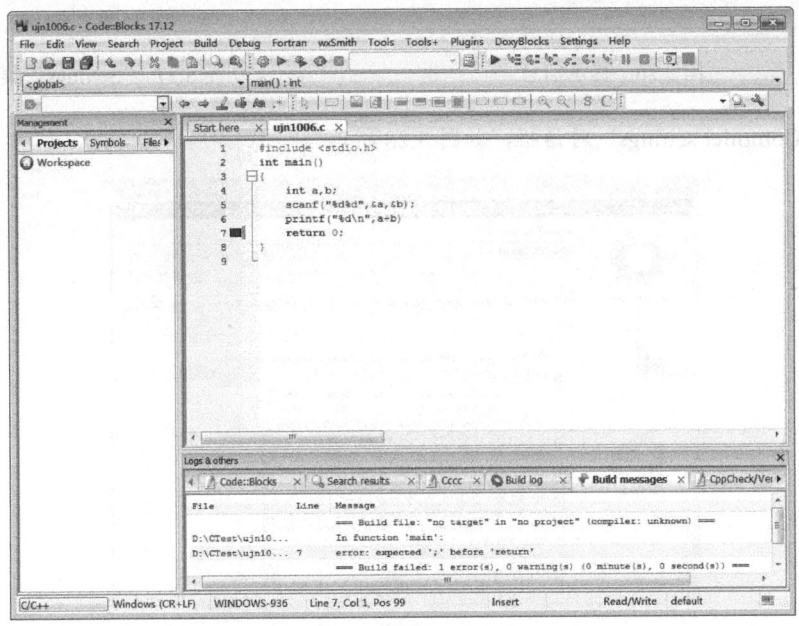

图 3.23　编译错误提示

"Build messages"标签页中显示的错误信息是寻找错误原因的重要信息来源，要学会看这些错误信息，在每一次碰到错误且最终解决错误时，要记录错误信息以及相应的解决方法。以后看到类似的错误提示信息时，能熟练反应出是哪里有问题，从而提高程序调试效率。

如果修改了程序中全部的词法、语法等错误后，再次编译，将在"编译日志"标签页中显示编译成功，显示"0 error(s), 0 warning(s)"，如图 3.24 所示。此时，在源文件所在目录下将会生成一个同名的.exe 可执行文件（如 ujn1006.exe）。

说明：如果执行 Build 命令后，出现如图 3.25 所示的"Environment error"提示。或执行运行后，出现如图 3.26 所示的提示信息。

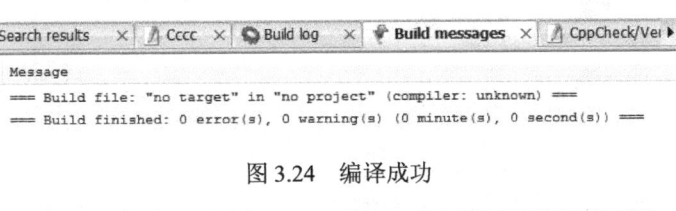

图 3.24　编译成功

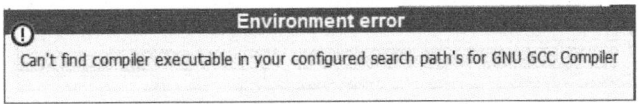

图 3.25　"Environment error"提示

这是由于编译环境路径设置不对。需按照下面的方法重新设置：

① 依次选择菜单栏 "Settings" → "Compiler"，如图 3.27 所示。

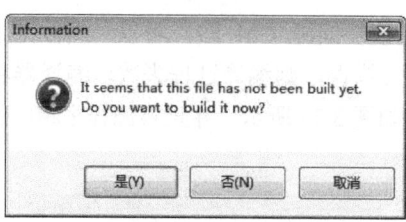

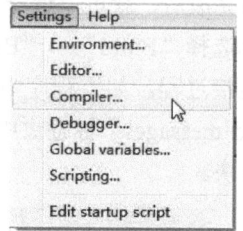

图 3.26　提示信息　　　　　　　　　　　　　图 3.27　"Settings" 菜单

② 打开 "Compiler settings" 对话框，如图 3.28 所示。

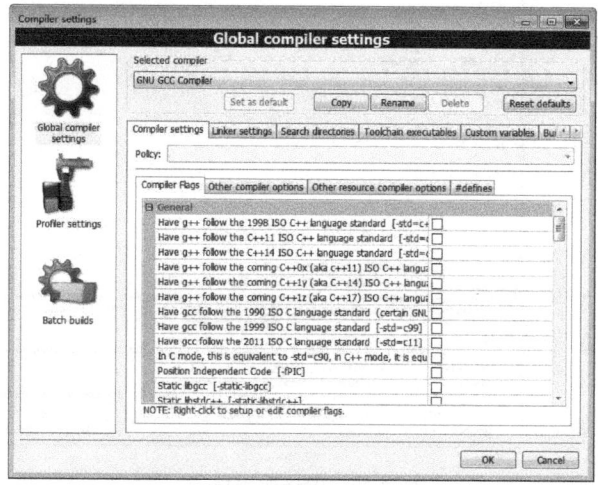

图 3.28　"Compiler settings" 对话框

③ 在左侧的选项卡中，默认打开的是 "Global compiler settings" 选项卡，然后在右侧选择 "Toolchain executables" 标签页，如图 3.29 所示。

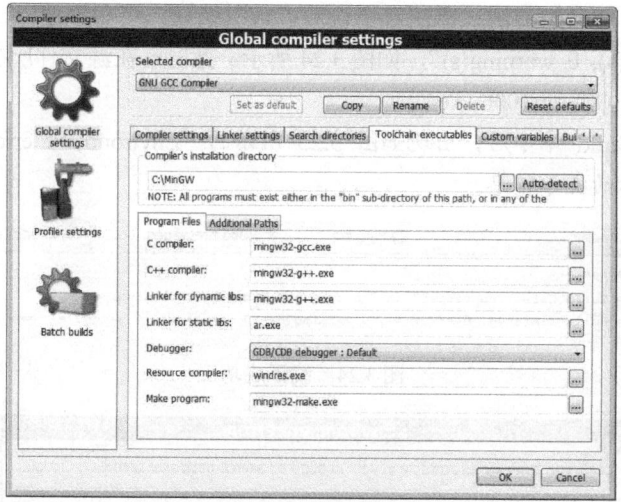

图 3.29　选择 "Toolchain executables"

　　其中的 "Compiler's installation directory" 处默认被
设置为 "C:\MinGW"，因为系统在这个文件夹下找不到
编译所需文件，或者这个文件夹根本就不存在。

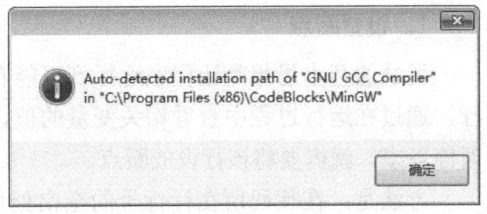

　　④ 单击右侧的 "Auto-detect" 按钮，系统自动检
测，弹出如图 3.30 所示的对话框。

　　⑤ 系统检测到在安装路径 "C:\Program Files
(x86)\CodeBlocks\MinGW" 下有所需的文件，单击 "确

图 3.30　系统自动检测对话框

定" 按钮后，系统把该路径填入图 3.29 中的 "Compiler's installation directory" 文本框中。

　　⑥ 在 "Compiler Settings" 对话框中，单击 "确定" 按钮，完成路径设置。设置完成后，再重
新编译或运行程序即可。

3.2.6　运行程序

　　对程序进行编译和连接后，可以有两种方法运行程序。

　　① 双击生成的.exe 文件。

　　② 在 CodeBlocks 环境下，从主菜单选择 "Build" → "Run" 命令或按快捷键 Ctrl+F10 运行程序。

　　如运行程序 ujn1006.c，按要求输入数据后，在窗口中显示运行结果、main 函数的返回值及程序
运行时间，如图 3.31 所示。

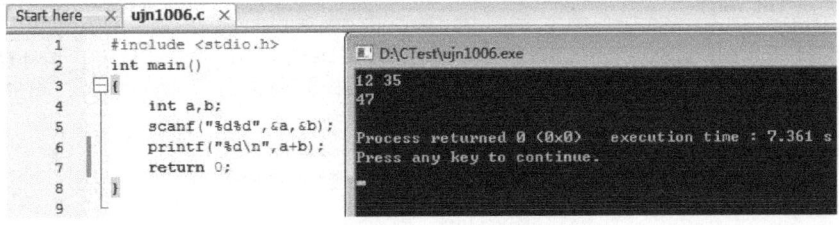

图 3.31　运行程序

说明：

　　① 在工具栏上，有编译和运行的快捷按钮，各图标的含义如图 3.32 所示。可直接单击快捷按
钮编译和运行程序。

图 3.32　快捷按钮

　　② 可以执行 "Build" → "Build and run" 命令，或按快捷键 F9，或单击快捷按钮，一步完成编
译和运行。

3.2.7　调试程序

　　通过编译和连接的程序仅说明程序中没有词法和语法等错误，而无法发现程序深层次的问题
（如算法不对导致结果不正确）。当程序运行出错时，需要找出错误原因。仔细读程序来寻找错误固
然是一种方法，但是有时光靠读程序已经解决不了问题，此时需要借助 IDE 的调试工具。这是一种
有效的排错手段，每一位同学都需要掌握。

1. 设置断点

调试的基本思想是让程序运行到可能有错误的代码前，然后停下来，在人的控制下逐条语句运行，通过在运行过程中查看相关变量的值，来判断错误产生原因。如果想让程序运行到某一行前能暂停下来，就需要将该行设成断点。

方法是：在代码所在行行号的空白处单击鼠标，或将光标移到该行后，选择菜单项"Debug"→"Toggle breakpoint"（快捷键为 F5），加断点后，行号后将显示红色圆点，如图 3.33 所示。将 printf 语句设成断点，则程序运行完 scanf 语句后，将会暂停。

需要说明的是，可以根据需要在程序中设置多个断点。如果想取消某行的断点，则在行号后再次单击鼠标，光标定位到该行后执行菜单项"Debug"→"Remove all breakpoints"。

2. 调试程序

设置断点后，即可开始调试程序。可以执行菜单项"Debug"中的各项命令，如图 3.34 所示。

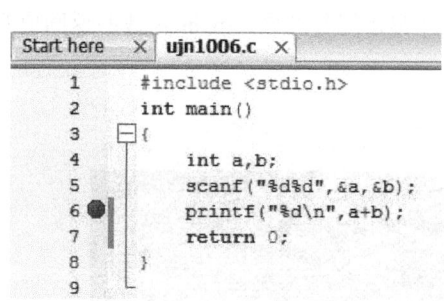

图 3.33　设置断点

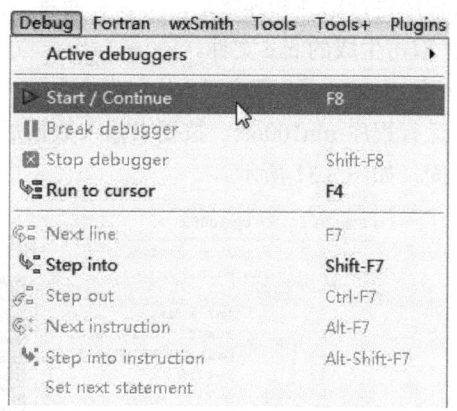

图 3.34　Debug 菜单

执行"Start/Continue"命令，或按快捷键 F8，程序进入 Debug 状态。

各菜单项的功能如下。

● Start/Continue：开始调试，或执行到下一断点。
● Next line：单步调试。
● Step into：跳入函数。
● Step out：跳出函数。
● Stop debugger：结束调试。

说明：CodeBlocks 只能调试工程中的文件，不在工程中的文件不能调试。若要调试文件，则需要先建立一个工程（选择"File"→"New"→"Project"命令），然后把文件加到工程中后再调试，否则 Debug 菜单中的选项显示为灰色。另外，工程所在的路径名称必须为英文，不要包含中文，否则调试会出问题。

3. 设置 watch 窗口

在调试程序时，有时需要查看程序运行过程中某些变量的值，以检测程序对变量的计算结果是否正确，可以在调试时通过选择菜单项"Debug"→"Debugging windows"→"Watches"打开查看窗口，然后增加变量，如图 3.35 所示。

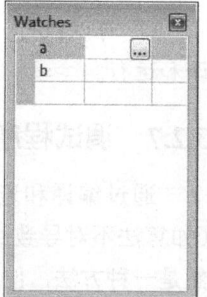

图 3.35　查看变量

第 2 部分　C 语言实验

程序设计是一门实践性很强的课程，强化实践是学好程序设计课的重要环节。所谓实践，包括两个方面：一是编写程序，二是上机调试程序，并且，这两方面要相互结合。

程序测试是程序设计的重要环节，只有经过上机测试的程序，才具有一定的可信度。程序测试的目的是要努力发现程序中的错误，再改正错误。测试和改错的过程，通常称为调试。在调试过程中，编译系统可以测试出语法方面的错误，并给出相应的出错信息，而逻辑错误，需要程序设计者或测试人员利用一定的测试用例去发现。

实验的目的是为培养上机调试程序的能力，逐渐学会自己编写程序来解决实际问题，因此要认真对待实践教学环节，并按一定的规范完成上机实验过程。

C 语言编译系统对语法的检查并不像其他高级语言那么严格，这就给编程人员留下了"灵活的余地"，同时也给程序的调试带来了许多不便。尤其对初学者而言，常常看着程序出现错误提示信息，却很难找到错在哪里。因此单独开辟一章，简要介绍初学者在编程时常犯的一些语法错误和逻辑错误，以供参考。

结合多年 ACM 参赛经验，以及 OJ 系统题目形式，本部分介绍 ACM 竞赛，及 OJ 系统中各种输入/输出数据的格式，并给出样例。

第 4 章　程序的调试与测试

　　学习 C 语言程序设计，必须重视实践环节。写出源程序只完成了一半的工作，还必须上机调试程序、运行程序，分析得到的结果，要知道怎样进行程序的测试。这些都是程序设计人员的基本功。

4.1　程序的调试

　　所谓程序的调试是指对程序的查错和排错。调试程序一般应经过以下几个步骤。

1．静态检查

　　在写好或输入一个源程序后，不要立即进行编译，而应先对程序进行人工检查。这一步是十分重要的，通过这一步可以发现程序设计人员由于疏忽而造成的大多数错误。如下面的程序：

```
#include <studio.h>
int mian( )
{
    printf("This is a C program.\n);
    return 0;
}
```

　　仔细检查可以发现这样几处错误：① 头文件 stdio.h 拼写错误；② main 函数名拼写错误；③ printf 函数中最后少了个双引号"""。

　　对于关键字的拼写错误，很容易检查，因为 Visual C++ 6.0 等各种编译器中，关键字均会显示为不同颜色，输入程序后颜色没有改变即可知道拼写错误，但头文件名及 main 函数名都不是 C 语言关键字，因此需要仔细检查。

　　为了更有效地进行人工检查，编写程序时应力求做到以下几点：

　　① 采用结构化程序设计方法编程，以增加程序的可读性。例如，编辑程序时采用编译器的默认缩进格式。有的同学不使用缩进格式，比如写成如下格式：

```
#include <stdio.h>
int max(int x, int y)
{int z;
if (x>y)
z=x;
else z=y;
return(z); }
int main( ){
int a,b,c;
scanf("%d%d", &a,&b);
c=max(a, b);
printf("max=%d\n",c);
return 0; }
```

　　该程序虽然没有编译错误，也没有警告，运行也是正确的，但是很难让人读懂，如果程序更复杂，这种问题就更加突出。

　　② 尽可能多加注释，以帮助理解每段程序的作用。例如下面的函数，给关键语句或关键程序段加了注释，说明该段代码的功能，便于阅读和理解程序。

```
int isPrime(int m)              //判断整数 m 是否是素数，是素数返回整数 1，不是素数返回整数 0
{
    int i,k;
    k=(int)sqrt(m);             //计算不超过 m 平方根的最大整数
    for (i=2;i<=k;i++)          //从 2 到 k，检测是否能整除 m
        if (m%i==0)             //如果 m 能被某个数 i 整除，说明 m 不是素数，返回 0
            return(0);
    return(1);                  //若找不到能被整除的数，说明 m 是素数，返回 1
}
```

③ 在编写较为复杂的程序时，不要将全部语句都写在 main 函数中，而要按不同功能编写为多个函数，即利用模块化程序设计思想，一个函数实现一个独立的功能。例如上面的程序，isPrime 是一个独立的函数，功能是判断一个整数是否为素数。各函数之间除了用参数传递数据外，函数间的耦合尽量低（如尽量不用或少用全局变量），这样既易于阅读也便于调试。

2．动态检查

静态检查确认无误后，可以开始调试程序。由编译系统进行检查、发现错误，这个过程称为动态检查。编译完成后编译系统会给出语法错误的提示信息（包括哪一行有错、错误类型编号及错误原因提示等，参见 1.3.2 节），可以根据提示的信息找到程序中出错的地方并进行改正。需要注意的是：有时提示出错的行并不是真正的出错行，如果在提示出错的行上找不到错误，应当到上一行再找（参见 1.4.1 节）。例如下面的程序：

```
#include <stdio.h>
int main( )
{
    int a,b,sum;
    a=2;                //此处缺少分号
    b=3;
    sum=a+b;
    printf("sum=%d\n",sum);
    return 0;
}
```

编译时提示：error C2146: syntax error : missing ';' before identifier 'b'。提示在第 6 行缺少分号，实际上并不是第 6 行缺少分号，而是第 5 行赋值语句的末尾缺少分号。

由于错误种类繁多，各种错误互有关联，有时提示出错的信息并不准确，因此要善于分析，找出真正的错误，而不要只从提示的字面意义上只针对出错信息"钻牛角尖"。例如下面的程序：

```
#include<stdio.h>
int main( )
{
    int a,b,sum;
    scanf("%d%d",&a,&b);
    sum=a+b;
    printf("sum=%d\n"sum);
    return 0;
}
```

编译时提示：error C2146: syntax error : missing ')' before identifier 'sum'。提示在标识符 sum 前面缺少右括号"）"，但实际上是缺少逗号"，"。

如果系统提示的出错信息很多，应当从上到下逐一改正。有时显示大量错误信息，使人感觉问题很严重，无从下手，其实可能只有一两个错误。例如，对所用的变量没有定义，编译时就会对所有含该变量的语句给出出错信息，因此只要加上这一个变量的定义，所有错误就都消除了。

3．结果分析

改正错误后，连接（link）程序就可得到可执行程序（.exe 文件）。此时运行程序，输入程序所需要的数据，即可得到运行结果。有的初学者看到输出的结果正确就认为程序没有问题，不对结果进行分析，也不分析程序，这是一种不好的习惯。

有时候程序的运行结果是正确的，但程序本身还是有问题，初学者不加分析往往是很难发现潜在的错误。例如下面的程序：

```
#include <stdio.h>
#include <string.h>
int main( )
{
    char str1[10],str2[]="I love China";
    strcpy(str1,str2);
    printf("%s\n",str1);
    return 0;
}
```

编译和连接都没有错误，有时运行也能得到正确结果，但由于 str2 包含 13 个字符（含'\0'），而 str1 最多只能存放 10 个字符，因此这种操作是危险的，只是编译系统在编译和连接时不提示这类错误。

4．程序分析

有时程序的运行结果不对，大多数情况属于逻辑错误。对这类错误往往需要仔细检查和分析才能发现。检查时可以采用以下方法：

① 将程序与算法（流程图或伪代码）仔细对照，如果算法是正确的，程序错误是很容易发现的。例如，在计算 1+2+…+100 时，以下程序段的计算结果是 5150，而不是正确结果 5050。

```
i=1; s=0;
do
{
    i++;
    s+=i;
}while(i<=100);
```

经过检查，发现是循环体的两个语句顺序反了，应该是"s+=i; i++;"。这种错误只要仔细检查也不难发现。

② 如果在程序中没有发现问题，就要检查算法有无错误，如算法分析错误或流程图画错等，这就要重新分析算法，如有错则改正，然后再修改程序。

5．错误分析

有时错误很隐蔽，从字面上难以查出，此时可以采用以下方法查出问题所在。

（1）"分段检查"法

在程序不同位置设几个 printf 语句，输出有关变量的值，检查变量的值是否正确。这样逐段往下检查，直到找到在某一段中的数据出现错误为止，这时就可把出错区域缩小到这一小段中。这种不断缩小出错区域的方法可以发现错误所在。

（2）使用"条件编译"命令

在程序调试阶段，往往要增加若干个 printf 语句检查有关变量的值。可以用条件编译命令，在调试完毕后，使这些语句行不被编译，当然也不会被执行。使用方法如下：

```
#define DEBUG 1          //定义标识符 DEBUG
    ……
#ifdef DEBUG             //如果 DEBUG 已被定义过
```

```
    printf("a=%d\n",a);          //输出要检查的变量 a 值
    #endif                       //条件编译结束
    ……
```

第 3～5 行的作用是：如果标识符 DEBUG 已被定义过（不管定义的是什么值），在程序编译时，包含在#ifdef 和#endif 两行之间的 printf 语句将被编译，所以 printf 语句将被执行，在运行时输出变量 a 的值，以便检查是否正确。在调试结束后，不需要这个 printf 语句时，只要把第 1 行的"#define DEBUG 1"删掉（或注释掉，以便再次使用），再进行编译，由于此时标识符 DEBUG 未被定义过，因此不对 printf 语句进行编译和执行，也就不会再输出 a 的值。

在一个程序中可以多处做这样的指定，只需在最前面用一个#define 命令进行"统一控制"，如同"开关"一样。用"条件编译"的方法，这样就不需要逐一删除这些 printf 语句，因此使用起来很方便，调试效率高。

总之，程序调试是一项细致而深入的工作，需要下工夫、动脑筋，要善于积累经验。程序调试的过程往往反映出一个人的编程经验和学习态度，要善于分析、总结。上机调试程序的目的绝不是为了验证程序的正确性，而是掌握调试的方法和技术，最终掌握程序设计的方法和技巧。

4.2　程序错误的类型

1. 语法错误

语法错误是指程序语句不符合 C 语言语法的规定，例如变量没有定义、printf 错写为 pintf、漏掉双引号、括号不匹配、语句最后漏了分号等。编译系统在对程序编译时先做语法检查，凡是不符合语法规定的都会提示出错信息。

出错信息有两类：一类是"严重错误（error）"，不改正就不能通过编译，也不能产生.obj 目标文件，因此无法继续连接生成可执行文件.exe。这种错误必须改正之后才能完成编译。

另一类是"警告（warning）"。对一些语法上有轻微错误或可能影响程序运行结果精确性的问题（如定义了变量但从未使用、将一个 double 型数据赋值给一个 float 型变量等），编译时就会发出"警告（warning）"。有警告的程序一般能够通过编译，并产生.obj 文件，也可以连接产生可执行文件，但可能会影响运行结果。例如，对于如下程序段：

```
float a,b,sum;
a=12.3;          //warning C4305: '=' : truncation from 'const double ' to 'float '
b=45.6;          //warning C4305: '=' : truncation from 'const double ' to 'float '
sum=a+b;         //warning C4305: '=' : truncation from 'const double ' to 'float '
```

在编译时，会提示 3 个警告，分别在第 2、3 和 4 行，Visual C++ 6.0 给出警告信息提示：数据由 double 型常量赋值给 float 型变量时出现截断。因为编译系统把实数作为 double 型常量处理，而把一个 double 型常量赋值给 float 型变量时就有可能由于数据截断而产生误差，因为 double 型数据的精度高（有效数字位数达 16 位），而 float 型数据的精度低（有效数字位数仅 7 位），赋值时系统就会把多余的有效数字截断，从而产生误差，因此系统发出警告信息提醒用户。这些警告是对用户善意的提醒，如果用户需要保证较高的精度，可以把变量定义为 double 型。如果用户认为 float 型变量提供的精度已经足够，可不修改这类警告信息，而继续进行连接和运行。

归纳起来，对程序中所有导致"错误（error）"的因素必须全部排除，对"警告（warning）"则要具体分析，认真对待。当然，最好做到既没有错误又没有警告。

2. 逻辑错误

很多时候，程序并没有语法错误，也能正常运行，但运行结果并不是原来想要的结果。这往往是由于设计的算法有错或编写的程序有错，编出的程序与原意不同，即出现了逻辑上的错误。如下面的程序：

```
#include <stdio.h>
#define PI 3.1415926
int main( )
{
    float r,v;
    printf("Input r:");
    scanf("%f",&r);
    v=4/3*PI*r*r*r;
    printf("v=%.2f\n", v);
    return 0;
}
```

该程序没有语法错误，可以执行，但由于没有注意到 4/3 是两个整数相除，因为 C 语言中两个整数相除表示进行整除，即 4/3 的值为 1。系统在执行这样的语句时并不知道用户需要的是 1.333333，它只会按照用户编写的指令执行，就使得程序执行结果与原意不符。

又如，求 $s=1+2+\cdots+100$，用户编写了如下的程序段：

```
int i,s;
i=1; s=0;
while (i<=100)
    s+=i;
    i++;
```

程序并没有语法错误。但由于缺少花括号，不能使 "s+=i; i++;" 两条语句构成一个复合语句而成为 while 语句的循环体，因此 while 语句的循环体只包括语句 "s+=i;"，并不包括 "i++;"。while 语句在执行时，变量 i 的值保持不变，这样就形成了一个永不终止的"死循环"。C 语言编译系统无法知道程序中的语句是否符合用户的原意，而只能按照指令执行。

这类错误属于逻辑方面的错误，可能是在设计算法时出现的，也可能是算法正确而在编写程序时出现疏忽所致。这就需要认真检查程序和分析运行结果。如果是算法有错，则应先修改算法，再修改程序。如果算法是正确的，而程序编写有误，则直接修改程序。

对于下面的程序：

```
#include <stdio.h>
int main( )
{
    int a,b,s;
    scanf("%d%d",&a,&b);
    s=a+b;
    printf("s=%d\n",&s);
    return 0;
}
```

其原意是用 scanf 函数从键盘输入两个值给变量 a 和 b，求和后输出结果。有经验的人一眼就会看出 printf 函数有误，多了取地址符 "&"，这样就成了输出变量 s 的内存单元地址。由于 C 语言允许用户查看变量的地址，编译系统不认为输出 s 的地址有错，程序在编译时就不会发出错误提示。正确的写法应该是：

```
printf("s=%d\n",s);
```

即输出变量 s 的值。

查看内存单元的地址不会产生什么严重的后果，但如果输入函数有误，比如在上面的程序中，

把输入语句写成 "scanf("%d%d",a,b);"，即漏掉了 "&" 符号，就会把 a 和 b 的值作为内存单元地址，而 a 和 b 的值又不确定，因此输入的数据就不知道存放到哪里了，可能会存放到系统数据区或其他程序的数据区，这样就会破坏系统或其他程序的数据，从而产生严重的后果——这是很危险的！

逻辑错误比语法错误更难于检查，因此要求程序员拥有丰富的经验。不要认为只要通过编译的程序一定就没有问题，除了需要仔细反复地检查程序外，在程序运行时一定要注意运行情况，及时找出原因，并加以改正。

3. 运行错误

有时程序既无语法错误，也无逻辑错误，但程序不能正常运行或结果有误。此时，多数情况下是数据不对，包括数据本身不合适或数据类型不匹配。如有以下程序：

```
#include <stdio.h>
int main( )
{
    char str[10];
    scanf("%s",str);
    printf("str=%s\n",str);
    return 0;
}
```

当输入的字符串长度小于等于 9 时，运行没有问题。若输入超过 9 个字符的字符串，运行时就会出现类似于如图 3.1 所示的错误提示对话框。

如果在执行上面的程序时输入：

asdf ghk↙

则输出结果为 "str=asdf"，显然与输入的字符串不一致。这是由于当使用%s 读取字符串时，遇到第一个空格读入数据就结束了。

因此，应当养成认真分析结果的习惯，不要无条件地 "相信计算机"，如果输入的数据有误或程序没有编写正确，怎么能保证结果是正确的！

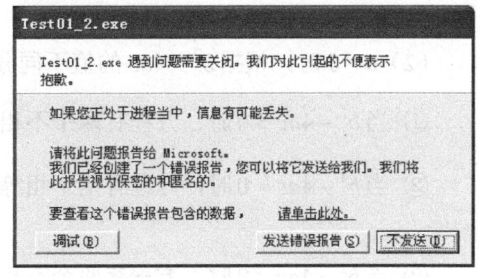

图 3.1　错误提示对话框

4.3　程序的测试

有时程序在某些情况下能正确运行，而在另外一些情况下不能正常运行或得不到正确的结果，这就需要对各种可能的情况进行测试。程序测试的任务就是寻找程序中可能存在的错误。在测试时要设想到程序运行的各种情况，以便测试程序在各种情况下的运行结果是否正确。因此测试的任务就是要找出那些不能正常运行的情况和原因。

例如，求一元二次方程 $ax^2 + bx + c = 0$ 的根。有人根据求根公式：$x_{1,2} = \dfrac{-b \pm \sqrt{b^2 - 4ac}}{2a}$，编写出以下程序：

```
#include <stdio.h>
#include <math.h>
int main( )
{
    double a,b,c,disc,x1,x2;
    printf("Input a,b,c: ");              //提示输入 a，b，c
    scanf("%lf%lf%lf",&a,&b,&c);          //输入系数 a，b，c
    disc=b*b-4*a*c;                       //计算Δ
    x1=(-b+sqrt(disc))/(2*a);             //计算两个实根
```

```
            x2=(-b-sqrt(disc))/(2*a);
            printf("x1=%.2f,x2=%.2f\n",x1,x2);        //输出两位小数
            return 0;
        }
```

当输入 a、b 和 c 的值为 1、2 和−3 时，输出结果为："x1=1.00,x2=−3.00"，结果是正确的；当输入 a、b 和 c 的值为 2、1 和 3 时，屏幕上出现"错误信息"，程序停止运行。原因是，求平方根时 disc=b²−4ac=−23。因此，该程序只适用于 disc≥0 的情况。

不能说上面的程序是错误的，它没有语法或逻辑上的错误，而只能说程序"考虑不周"，不能在任何情况下都能正确运行。使用这个程序的前提条件是 b²−4ac≥0，因此，在输入数据前，必须先计算一下 disc 是否大于或等于 0。这给使用程序的人带来了很大的不便。

因此，在编写程序时，应考虑程序运行时可能遇到的各种情况，以使程序都能正常运行并得到相应的结果。

下面分析求方程 $ax^2 + bx + c = 0$ 的根，有如下几种情况：

（1）a=0 时，方程变成了一元一次方程：$bx + c = 0$。

① 当 b≠0 时，$x = -\dfrac{c}{b}$。

② 当 b=0 时，方程变为 $0x + c = 0$。

- 当 c=0 时，x 可以为任何值；
- 当 c≠0 时，方程无解。

（2）a≠0 时，根据 $b^2 - 4ac$ 的值不同分为以下 3 种情况：

① 当 $b^2 - 4ac > 0$ 时，方程有两个不相等的实根：$x_{1,2} = \dfrac{-b \pm \sqrt{b^2 - 4ac}}{2a}$。

② 当 $b^2 - 4ac = 0$ 时，方程有两个相等的实根：$x_1 = x_2 = -\dfrac{b}{2a}$。

③ 当 $b^2 - 4ac < 0$ 时，方程有两个不相等的共轭复根：$x_{1,2} = -\dfrac{b}{2a} \pm \dfrac{\sqrt{|b^2 - 4ac|}}{2a}\text{i}$。

综上所述，a、b、c 的取值共有 6 种情况：

① a=0，b≠0；

② a=0，b=0，c=0；

③ a=0，b=0，c≠0；

④ a≠0，b²−4ac>0；

⑤ a≠0，b²−4ac=0；

⑥ a≠0，b²−4ac<0。

因此，在测试程序时应当分别测试程序在以上 6 种情况下的运行情况，观察它们是否能对各种情况下的数据都能进行正确处理。测试之前，应准备 6 组数据去测试程序的"健壮性"。在使用前面的程序时，只有输入满足④和⑤情况的数据时才能使程序正确运行，而输入满足其他情况的数据时，程序将会出错。因此，应修改程序，使之能处理以上 6 种情况下的数据。

修改后的参考程序如下：

```
        #include <stdio.h>
        #include <math.h>
        /* 判断实型数据是否等于 0 时，常用方法是判断其绝对值是否小于某个很小的正数 EPSILON，绝对
        值小于 EPSILON 就认为等于 0，此处定义 EPSION 为 1E−6，也可根据实际需要定义得更小或更大
        */
        #define EPSILON 1E−6
        int main( )
```

```
    {
        double a,b,c,disc;
        double x1,x2,rpart,ipart;
        printf("Input a,b,c: ");                        //提示输入 a，b，c 的值
        scanf("%lf%lf%lf",&a,&b,&c);                     //double 型数据要用%lf 格式控制符
        if (fabs(a)<EPSILON)                             //判断 a 是否等于 0
        {
            if (fabs(b)<EPSILON)                         //判断 b 是否等于 0
                if (fabs(c)<EPSILON)                     //判断 c 是否等于 0
                    printf("x is any number!\n");
                else                                     //即 c≠0
                    printf("no solution!\n");
            else                                         //即 b≠0
                printf("one root: x=%.2f\n",-c/b);
        }
        else                                             //即 a≠0
        {
            disc=b*b-4*a*c;                              //计算Δ
            if (disc>EPSILON)                            //Δ>0，有两个不等的实根
            {
                x1=(-b+sqrt(disc))/(2*a);
                x2=(-b-sqrt(disc))/(2*a);
                printf("two real roots: x1=%.2f,x2=%.2f\n",x1,x2);
            }
            else if (fabs(disc)<=EPSILON)                //Δ=0，有两个相等的实根
            {
                printf("two equal real roots: x1=x2=%.2f\n",-b/(2*a));
            }
            else                                         //Δ<0，有两个共轭的复根
            {
                rpart=-b/(2*a);                          //计算复数根的实部
                ipart=sqrt(-disc)/(2*a);                 //计算复数根的虚部
                printf("two complex roots: ");
                printf("x1=%.2f+%.2fi,x2=%.2f-%.2fi\n",rpart,ipart,rpart,ipart);
            }
        }
        return 0;
    }
```

为了测试程序的"健壮性"，准备了 6 组数据：

① 0,2,1　　② 0,0,0　　③ 0,0,1　　④ 1,3,2　　⑤ 1,2,1　　⑥ 4,1,2

分别用这 6 组数据作为 a、b、c 的值输入，运行情况如下：

① Input a,b,c: 0 2 1↙

　　one root: x=-0.50

② Input a,b,c: 0 0 0↙

　　x is any number!

③ Input a,b,c: 0 0 1↙

　　no solution!

④ Input a,b,c: 1 3 2↙

　　two real roots: x1=−1.00,x2=−2.00

⑤ Input a,b,c: 1 2 1↙

　　two equal real roots: x1=x2=−1.00

⑥ Input a,b,c: 4 1 2↙

　　two complex roots: x1=−0.13+0.70i,x2=−0.13−0.70i

经过测试，可以看到程序对任何情况下的输入数据都能正常运行并得到正确的结果。

　　上面的程序有 6 种输入数据方案，这是根据数学知识知道的。但有些情况下，并没有现成的数学公式作为依据，如超市商品销售系统，要求对各种商品的销售做出相应处理。如果程序包含多条路径（如由 if 语句形成的分支），则应当设计多组测试数据，使程序中每一条路径都有机会执行，以测试程序能否正常运行。但对于一个复杂的程序，要准备测试全部可能路径的数据并非易事，有时实际测试的只是其中执行概率最高的部分，因此，要学会组织测试数据，尽可能多地检查出程序中隐蔽的错误，以便更好的完善程序。

　　可见，调试程序往往比编写程序更难，更需要精力、时间和经验。常会出现这样的情况：编写程序用一天就完成了，而调试程序两三天也未能完成。有时一个小小的程序会出现五六处错误，而发现和排除一个错误，有时竟需要半天甚至更长的时间。因此，希望大家多总结、多练习，通过上机实践掌握调试程序的方法和技术。

第 5 章　上机实验的目的和要求

5.1　上机实验的目的

学习 C 语言程序设计课程不能仅满足于能看懂书上的程序，而应当熟练地掌握程序设计的全过程，即独立编写源程序、独立上机调试程序、独立运行程序和分析结果。

程序设计是一门实践性很强的课程，学好程序设计一方面要多编程序，另一方面要多上机调试。因此，上机实验是程序设计课的重要环节，必须保证有足够的上机实验时间。学习本课程应该至少有 20 课时以上的上机时间，最好能做到与授课时间 1∶1。除了指定的上机实验外，还应当提倡学生在课余时间多编写程序和上机实践。

"不要太相信自己"，这是程序设计界的一句谚语。它告诫人们，你认为正确的程序并不一定是正确的，只有经过测试的程序，才是具有一定可信度的程序。测试也就是要上机调试和运行，测试目的是尽量发现程序中的错误，并纠正错误。

因此，上机实验的目的不仅是为了验证书本和课堂讲授的内容是否正确，或者验证自己编写的程序正确与否，而是培养调试程序的能力。不应满足于"自己所编的程序能得出正确的结果"，而应当在实践中积累调试程序的经验。

上机实验的目的主要有以下 3 个方面。

（1）了解和熟悉 C 语言程序开发的环境

一个程序必须在一定的外部环境下才能运行，所谓"环境"，就是指所用的计算机系统的硬件（如对 CPU、内存、硬盘等的要求，当然现在的计算机系统大多都能满足 Visual C++ 6.0 对硬件系统的要求）和软件条件（如对操作系统的要求，开发环境的版本等）。程序设计人员应该了解，为了运行一个 C 语言程序，需要哪些必要的外部条件，可以利用哪些编译系统（早期的编译系统有 Turbo C 2.0、Borland C++ 3.1，现在流行的有 Visual C++ 6.0、Dev C++、Codeblocks 等）来帮助自己开发程序。

（2）加深理解授课内容

加深对授课内容的理解，尤其对一些语法规定，只靠课堂讲授，既枯燥无味又难以记住，但它们都很重要。比如，两个整数相除表示整除运算，但只要有一个操作数是实型数据，相除的结果就是实型。因此，通过上机，就能理解为什么 4/3 的结果是整数 1，而要得到数学中的分式 $\frac{4}{3}$ 的值，要写成 4.0/3、4/3.0 或 4.0/3.0 这样的形式。通过多次上机，就自然能熟练掌握这些关键的语法问题。

（3）学会上机调试程序

在程序调试过程中，编译系统可以检测出语法方面的错误，这时，程序设计人员就可以根据相应的提示信息来改正错误。经验丰富的程序设计人员在编译连接过程中出现出错信息时，往往能很快判断出错误所在，并进行改正。而很多初学者或缺乏经验的人即使在明确的"出错提示"下也往往找不出错误。

但是，编译系统只能检查出语法错误。而对于逻辑错误，需要程序设计人员或测试人员设计一定的测试数据（称为测试用例）去测试，好的测试用例可以发现更多的错误。因此，测试是需要技术的，也是有规则的，不可想当然地随便进行。

　　调试程序固然可以借鉴他人的现成经验，但更需要的是通过自己的直接实践来积累经验，而且有些经验是只能"意会"难以"言传"的，别人的经验不能代替自己的经验。调试程序的能力是每个程序设计人员应当掌握的一项基本功。

　　为了提高编程能力，大家应当注意观察、记录调试中所出现的问题，并努力思考和分析这些问题出现的原因。千万不要以为程序结果正确就完成任务了，而应当对已经运行通过的程序做一些改动（如修改一些参数、增加一些功能、改变输入和输出数据的方法等），再进行编译、连接和运行。甚至可以故意设置一些障碍，即把正确的程序改为有错的（如使用 scanf 函数时不写"&"符号、使数组下标越界、整数溢出等），以观察和分析程序运行时发生的现象，加深对知识的理解，这样的学习才会有真正的收获，才能提高程序设计技能。

5.2　上机实验前的准备工作

　　上机实验前应先做好准备工作，以提高上机实验的效率。准备工作应包括：

　　① 了解所用的计算机系统（包括 C 语言编译系统，如 Visual C++ 6.0）的功能和使用方法。比如，第 1 次上机前应该预习本书第 1 章中关于 Visual C++ 6.0 的使用及编译、运行程序的方法，了解程序运行中可能出现的错误，避免出现类似的错误。

　　② 复习与本实验有关的教学内容。上机实验往往可加深对教学内容的理解和掌握，为了能真正掌握相关知识，上机前应了解实验目的和要求，并复习或查阅书上的有关内容，以免上机时边查资料边做实验，耽误上机时间。

　　③ 编写好上机所需的程序。应当根据实验题目，准备好上机所需的程序，工整地书写在专用作业本上，并经人工检查无误后再上机调试，以提高上机效率。初学者切忌不编程序、上机时现场编写程序或抄别人的程序去上机，应从一开始就养成严谨的学习态度。

　　④ 对运行中可能出现的问题事先做出估计，特别是对程序中有疑问的地方，应做记号，以便在上机时调试。

　　⑤ 准备好调试和运行时所需的测试用例，以检查程序有无错误、功能是否全面。一般题目中给定的数据是比较好的测试用例。

5.3　上机实验的步骤

　　上机实验是学习程序设计方法和调试程序方法的重要环节。对于上机过程中出现的问题，除系统问题外，一般应自己独立思考和处理，尤其对"出错信息"应学习自己分析解决。

　　应当说，上机的重要性并不亚于课堂听课。因此，一定要认真对待，并应按一定的规范完成上机实验过程。

　　一般来说，上机实验一般包括以下几个步骤：

　　① 进入 C 语言程序编辑环境（如 Visual C++ 6.0、Dev C++或 Codeblocks 等）。

　　② 新建一个源程序文件（.C 或.CPP），输入已编好的程序。

　　③ 检查已输入的程序是否有错（包括手工录入的错误和程序的错误），如发现有错，及时改正。

　　④ 进行编译和连接。如果在编译和连接过程中发现错误，屏幕上会出现错误提示信息，根据提示找到出错位置和原因，加以改正，再进行编译……如此反复直到顺利通过编译和连接为止。最好能把调试中出现的问题记录下来，以便总结复习，避免在以后编程时出现类似的错误。

　　⑤ 运行程序并分析运行结果是否合理和正确。在运行时要检查输入不同数据时所得到的结果是

否正确。例如，求解方程 $ax^2 + bx + c = 0$ 的根时，应多次运行程序，输入不同的 a、b、c 组合分别检查在不同情况下的结果是否正确。

⑥ 记录程序清单和每个测试用例对应的运行结果，以便在实验做完后，分析实验中出现的问题，书写实验报告。

5.4　实　验　报　告

实验后，应整理实验结果并写出实验报告。实验报告一般应包括如下内容：

① 实验题目，包括实验标题。

② 实验目的及要求。

③ 程序清单（经计算机调试正确后的程序清单，必须与上机调试后的程序一致）。

④ 运行结果（必须是上面程序清单所对应的输出结果，与显示器上的输出结果完全一致）。

⑤ 对运行情况所做的分析，以及本次调试程序所取得的经验。如果程序未能通过，应分析原因。

实验报告的大体格式如表 4.1 所示。

表 4.1　实验报告样例

**** 大 学 ** 学 院 实 验 报 告 书

课程			成绩	
题目				
学院		班级	时间	
学号		姓名	地点	
实验目的				
实验要求				
程序清单				

程序清单	
结果及分析	

5.5　实验内容安排的原则

教师指定的课后习题就是上机实验内容，安排原则是以课堂讲授的内容和进度为基础，根据知识点安排相关程序。

学生应在实验前编好程序，然后上机调试和运行。

本书根据主教材的知识结构和内容，设计了 15 个实验，每个实验都是一部分独立的内容。在组织上机时可根据情况做必要的调整，增加或减少某些部分。也可以在学期末，要求学生完成一个综合的课程设计，以检查和提高学生的程序设计能力。

另外，结合我校多年 ACM 参赛经验，建设了一个 OJ 系统，把绝大部分题目都改编为 OJ 模式，便于大家提交程序，实时看到程序的运行结果，相关作业也可根据老师要求在 OJ 系统中完成。

第 6 章　实　　验

实验 1　C 实验环境与 C 程序初步

一、目的和要求

1．熟悉 C 语言编译环境。

2．掌握 C 程序的上机过程（编辑、编译、调试和运行）。

3．通过编写和运行简单的 C 语言程序，掌握 C 语言源程序的结构和特点。

二、实验内容

1．熟悉计算机中安装的 C 语言编译集成环境，新建一个 C 语言文件，输入下面的程序，编译并执行。学习编辑和运行程序的过程，并分析运行结果。

```c
#include <stdio.h>
int main( )
{
    int a=2,b=3,c;
    c=a+b;
    printf("sum=%d\n",c);
    return 0;
}
```

2．输入下面的程序，改正错误，并对其进行编译和运行。

```c
#include <stdio.h>
int mian( )
{
    printf("This is a C program.\n');
    return 0;
}
```

3．理解如下程序的功能，编译并运行程序。输入两个整数，分析并验证程序的运行结果。

```c
#include <stdio.h>
int sum(int x,int y)
{
    int z;
    z=x+y;
    return(z);
}
int main( )
{
    int a,b,c;
    printf("Input two integers(a b):\n");
    scanf("%d%d",&a,&b);
    c=sum(a,b);
    printf("sum=%d+%d=%d\n",a,b,c);
    return 0;
}
```

提示：

① 这是一个包含自定义函数 sum 的程序。

② 注意 scanf 函数的数据输入格式，输入的两个整数之间可以用空格、回车或制表符（Tab 键）隔开。

4．分析以下程序的功能，上机编译调试并运行，注意观察程序的编写风格。

```
#include<stdio.h>
int main( )
{
    float h,w,s;
    printf("Please input two numbers(h,w):\n");
    scanf("%f,%f",&h,&w);
    s=h*w;
    printf("s=%.2f\n",s);
    return 0;
}
```

5．编写一个程序，输出如图 6.1 所示的信息。

I am a student!

I love China!

图 6.1　输出的信息

6．编写一个程序，输出如图 6.2 所示的图形。

```
                                    M
*                                 M M M
**                              M M M M M
***                               M M M
****                                M
```

图 6.2　*图形　　　　　　　图 6.3　M 图形

提示：

本题可以使用 1 个或 4 个 printf 函数来实现输出 4 行信息。要注意的是 printf 函数一次可以输出多个数据或字符，转义字符'\n'用来表示回车换行。

7．编写一个程序，输出如图 5.3 所示的图形。

8．参照第 3 题，在程序中编写一个自定义函数，用于计算 3 个整数的乘积。注意，3 个整数的输入及计算结果的输出均在主函数中完成。

实验 2　顺序结构程序设计 1——简单 C 程序设计

一、目的和要求

1．掌握顺序程序设计方法。

2．熟悉 C 语言中的基本数据类型，掌握各种类型变量和常量的使用方法。

3．进一步掌握编写程序和调试程序的方法。

二、实验内容

1．按要求练习正确的输入和输出：从键盘输入一个正整数 a 和一个实数 b，输入两个数时用空格隔开，例如输入 "123 456"，要求输出 "a=123,b=456"。

2．编写一个程序，输入一个天数，求这个天数包含几周零几天。

提示：

① 利用算术运算符 "/"（两个整数相除是整除运算，结果取商的整数部分）和 "%"（整除取余运算，结果取两数相除的余数）。

② 本题的输入数据有一个，输出数据有两个，因此需要定义 3 个变量保存这些数据，并且都应定义为整型。

3．编写程序，从键盘输入一个大写字母，将它转换为对应的小写字母后输出。

提示：

① 字符型数据可以和整型数据混合运算。

② 大写字母的 ASCII 码值加 32 等于对应的小写字母的 ASCII 码值。

4．分析以下程序的功能，上机编译调试并运行，注意观察程序的编写风格。

```
#include <stdio.h>
int main( )
{
    float h,w,s;
    printf("Please input two numbers:\n");
    scanf("%f%f",&h,&w);
    s=h*w;
    printf("s=%.2f\n",s);
    return 0;
}
```

提示：

① 为使界面更友好，此程序输入数据和输出结果加了一定的提示信息。

② 若将第 6 行改为：

```
scanf("%f,%f",&h,&w);
```

再编译和运行，注意数据输入时的格式有什么不同。

5．编写程序，从键盘输入半径 r，求对应圆的周长、面积，以及对应圆球的表面积、球体积。要求输入和输出有提示信息，输出数据保留小数点后两位数字。

6．输入并编译下列程序：

```
#include <stdio.h>
int main()
{
    int a,b;
    float x,y;
    char c1,c2;
    scanf("a=%d b=%d",&a,&b);
    scanf("%f%e",&x,&y);
    scanf("%c%c",&c1,&c2);
    printf("a=%d,b=%d\n",a,b);
    printf("x=%f,y=%e\n",x,y);
    printf("c1=%c,c2=%c\n",c1,c2);
    return 0;
}
```

运行时分别按以下方式输入数据，观察输出结果，分析原因，总结输入数据的规律和容易出错的地方。

① a=3,b=7,x=8.5,y=71.82,A,a✓

② a=3 b=7 x=8.5 y=71.82 A a✓

③ a=3 b=7 8.5 71.82 A a✓

④ a=3 b=7 8.5 71.82Aa✓

⑤ 3 7 8.5 71.82 A a↙

⑥ a=3 b=7↙

  8.5 71.82 ↙

  A↙

  a↙

⑦ a=3 b=7↙

  8.5 71.82 ↙

  Aa↙

⑧ a=3 b=7↙

  8.5 71.82Aa↙

7．运算符 sizeof 用以测试一个数据或数据类型所占用的存储空间字节数。请编写一个程序，测试各基本数据类型（int、long、short、float、double、long double、char 等）所占用的存储空间大小。

使用 sizeof 运算符的一般格式如下：

    sizeof(数据类型名/变量/常量/表达式)

实验 3 顺序结构程序设计 2——C 基本语法编程

一、目的和要求

1．熟悉 C 语言程序的语法特点。

2．掌握 C 语言中的常用语句和表达式的使用方法。

3．掌握各种类型数据的输入/输出方法。

二、实验内容

1．从键盘输入一个 3 位正整数 x，分别求出 x 的百位数 a、十位数 b 和个位数 c，并按照以下格式输出结果：x=a*100+b*10+c。

2．输入一个华氏温度，要求输出对应的摄氏温度。转换公式为：

$$C = \frac{5}{9}(F - 32)$$

输入和输出要有提示信息，输出结果取 2 位小数。

提示：

C 语言程序中，除法运算符 "/" 左右两端的数据如果都是整数，则表示整除，结果要取整。所以分数 $\frac{5}{9}$ 在 C 语言程序的表达式中，分子或分母至少有一个要写成实数的形式。

3．有 3 个电阻 r_1、r_2、r_3 并联，编写程序计算并输出并联后的电阻 r。已知电阻并联公式为：

$$\frac{1}{r} = \frac{1}{r_1} + \frac{1}{r_2} + \frac{1}{r_3}$$

输入和输出要有提示信息，输出结果取 2 位小数。

4．编写程序，输入梯形的上底、下底和高，计算并输出梯形的面积。输入和输出要有提示信息，输出结果取 2 位小数。

5．周期为 T 秒的人造卫星离地面的平均高度 H 的计算公式为：

$$H = \sqrt[3]{\frac{6.67 \times 10^{-11} M T^2}{4\pi^2}} - R$$

式中，地球的质量 $M=6×10^{24}$kg，地球的半径 $R=6.371×10^6$m。编写程序，输入人造卫星的周期 T，计算并输出人造卫星离地面的高度 H。

提示：

① 本题需要用到求 x^y 的数学函数 pow( )，具体函数使用说明请参见教材附录。注意程序的开始部分需要包含预处理命令：

```
#include <math.h>
```

② 该题目测试时可使用人造卫星公转周期，即 T 值输入 86400（秒），此时人造卫星离地面高度 H 约为 3.59E+007（米）。另外，测试时注意 T 值不要太小，不能小于 5051（秒），否则 H 为负值。

6. 分析下面程序的应得结果，并与上机运行结果进行比较。

```c
#include <stdio.h>
int main( )
{
        int a,b;
        float d,e;
        char c1,c2;
        double f,g;
        a=61; b=62;
        c1='a'; c2='b';
        f=3157.890121; g=0.123456789;
        d=3.56; e=-6.87;
        printf("a=%d,b=%d\nc1=%c,c2=%c\n",a,b,c1,c2);
        printf("f=%15.6f,g=%15.12f\nd=%6.2f,e=%6.2f\n",f,g,d,e);
        return 0;
}
```

① 修改程序的第 11 行为："d=f; e=g;"，然后运行程序，分析结果。

② 将最后一个 printf 语句改为：

```c
printf("f=%f,g=%f\nd=%15.6f,e=%15.12f\n",f,g,d,e);
```

然后再运行程序，并分析结果。

7. 下面的程序计算由键盘输入的任意两个整数的和。

```c
#include <stdio.h>
int main( )
{
        short int x,y,a;
        scanf("%hd,%hd",&x,&y);   //短整型数据应使用%hd 格式控制符
        a=x+y;
        printf("The sum is: %hd\n",a);
        return 0;
}
```

编译、连接上面的程序，用以下测试用例进行测试：

① 2,6

② −2,6

③ 1,0

④ 33000,3

⑤ −33000,3

⑥ 2.3,5.4

记录每组测试用例的输出结果，通过测试，你发现程序的错误了吗？请分析错误原因，并对程序做适当的修改。

8. 输入下列程序，编译、运行，并分析结果。

```c
#include <stdio.h>
int main( )
```

```
    {
        int i,j,m,n;
        i=8;
        j=10;
        m=++i;
        n=j++;
        printf("%d,%d,%d,%d\n",i,j,m,n);
        return 0;
    }
```

① 将第 7,8 行改为：

```
        m=i++;
        n=++j;
```

再编译运行，并分析结果。

② 若程序改为：

```
    #include <stdio.h>
    int main( )
    {
        int i,j;
        i=8;
        j=10;
        printf("%d,%d\n",i++,j++);
        return 0;
    }
```

再编译运行，并分析结果。

③ 在②的基础上，将 printf 语句改为：

```
        printf("%d,%d\n",++i,++j);
```

再编译运行，并分析结果。

实验 4　选择结构程序设计

一、目的和要求

1. 了解 C 语言表示逻辑"真"和逻辑"假"的方法。

2. 掌握关系运算符和关系表达式、逻辑运算符和逻辑表达式的使用。

3. 掌握 if 语句和 switch 语句的使用。

二、实验内容

1. 编写程序，输入一个字符 ch，判断并输出字符的类型，即字母（alpha）、数字（numeric）或其他字符（other）。

2. 编写程序，输入一个正整数，判断该数是奇数还是偶数，并输出结论。

3. 模拟交通雷达测速仪，输入汽车速度 speed，如果速度超过 60mph，则输出"Speed-速度值 Speeding"，否则输出"Speed-速度值　OK"。

4. 有以下函数：

$$y = \begin{cases} x^3 - 1 & (x < -1) \\ -3x + 1 & (-1 \leqslant x \leqslant 1) \\ 3e^{2x-1} + 5 & (1 < x \leqslant 10) \\ 5x + 3\lg(2x^2 - 1) - 13 & (x > 10) \end{cases}$$

编写一个程序，用 scanf 函数输入 x 的值，计算并输出 y 值。

提示：

① 本题要用到数学函数 exp( )和 log10( )，因此应包含相应的头文件。

② 运行程序时，要输入不同的 x 值（分别测试上述 4 种情况），检查输出的 y 值是否正确。注意表达式的书写方法。

5. 编写程序，输入 3 个数，代表三角形的 3 条边，判断这 3 条边是否能构成一个三角形，如果能，计算并输出三角形的面积，否则输出 "ERROR!"。

求三角形的面积公式为：

$$area = \sqrt{s(s-a)(s-b)(s-c)}$$

式中，$s=(a+b+c)/2$。

提示：

三边构成三角形的条件是：任意两边之和大于第三边或者任意两边之差小于第三边。

6. 编写程序，输入年号，判断并输出该年是否闰年。所谓闰年，是指能被 4 整除但不能被 100 整除，或能被 400 整除的年份。

提示：

本题要注意条件的表达，可以通过逻辑运算符构造一个逻辑表达式表示完整的条件，也可以使用 if 分支嵌套来表达判断条件。

7. 为提倡居民节约用电，某电力公司执行 "阶梯电价"：月用电量 50 千瓦（含 50 千瓦）以内的，电价为 0.53 元/千瓦时；超过 50 千瓦时，超出部分的用电量，电价上调 0.05 元/千瓦时。请输入一个月用电量，计算并输出电价。

8. 从键盘输入 3 个数，代表 3 条线段的长度。请编写程序，判断这三条线段能否构成一个三角形，如果能，再判断所构成的三角形是什么类型（不等边、等腰、等边），并输出结论，否则输出 "ERROR!"。

9. 简单选择界面的编程。从键盘输入整数，输出不同的字符串：

● 输入 1，输出 Good morning；

● 输入 2，输出 Good afternoon；

● 输入 3，输出 Good evening；

● 输入 4，输出 Good night；

● 输入其他数字，输出 Bye-bye。

提示：

此题的输入变量只有 1 个，但程序设计时要根据输入变量的可能取值实现不同的输出内容。可用 switch 语句实现。

10. 从键盘输入某个日期（包括年、月、日），编写程序，计算并输出这一天是该年的第几天。

提示：

① 此题应注意每月不同天数的情况，对于 2 月份的天数还应判断当年是否闰年。

② 先假设 2 月为 28 天，然后根据输入的月，用 switch 语句来分别求天数；最后判断当前月如果大于 2，且是闰年的情况，天数加 1，否则保持原来的结果。

11. 已知从银行贷款的月利率：一年期为 0.90%，两年期为 1%，三年期为 1.11%，三年以上为 1.2%。从键盘输入贷款金额和期限，计算到期后应归还银行的本金和利息合计为多少。

12. 输入一个不多于 5 位的正整数，要求：① 求出它是几位数；② 分别打印出每一位数字；

③ 按逆序打印出各位数字。

提示：

① 判断位数应使用选择嵌套结构；求每一位数字的程序应放置在嵌套的最里层，需要使用运算符 "/" 和 "%" 来取各位上的数，并保存在相应的变量里。

② 运行程序时要分别输入以下测试数据测试：1 位正整数、2 位正整数、3 位正整数、4 位正整数、5 位正整数。

③ 除此之外，程序还应当对不合法的输入做必要的处理，如输入的是负数或超过 5 位的正整数。

实验 5　循环结构程序设计

一、目的和要求

1．掌握 while 语句、do-while 语句和 for 语句实现循环的方法。

2．掌握各种循环语句中如何正确的设定循环条件，以及如何正确的控制循环次数。

3．熟悉各种循环结构的执行流程。

二、实验内容

1．从键盘输入一个正整数 n，计算 $1+2+3+\cdots+n$ 的值并输出。

2．从键盘输入若干整数，以 0 结束，判断并输出其中的最大数。

提示：

① 在循环中输入变量 a 的值，当输入 0 时，循环结束；

② 假设用变量 max 表示最大数，将输入的第一个数 a 赋值给 max，后面输入的每个数 a 与 max 比较，如果 a 比 max 大则将 a 赋值给 max。最后 max 的值即最大值。

3．输入一行字符，以回车键作为结束标志，分别统计出大写字母、小写字母、空格、数字和其他字符的个数，并输出结果。

提示：本题要定义 5 个初值为 0 的整型变量用来分别存放各类字符的个数，注意判断过程中要不断地读取下一个字符。

4．输入若干整数（以-32767 作为结束标志），分别统计出正整数、负整数和 0 的个数并输出。

5．从键盘输入一个不大于 20 的正整数 n，分别用 while、do-while 和 for 语句计算 n!的值并输出。

6．编程计算并输出 $\sum_{n=1}^{20} n!$（即求 $1!+2!+3!+\cdots+20!$）的结果，并试着简化程序。

提示：为了防止数据溢出，建议存放阶乘值和最终结果的变量都定义为 double 类型的数据。

7．计算 $\sum_{n=1}^{8}\left(n^2+n-2.3\right)$。

8．已知 2006 年农历为狗年，编写程序输出 21 世纪全部为狗年的年份。

9．判断 2～100 有多少个素数（素数即除 1 和它自身外，不能被任何数整除的数），并输出素数的个数和所有素数。要求每行输出 6 个素数。

10．编写程序，自行设计算法计算 2^n（不允许使用系统函数 pow()），要求限制输入的 n 必须在 [-20,20]范围内，否则要求重新输入。其中，n 为整数。注意 n 可能是正整数、负整数或 0。

实验 6　选择、循环结构综合编程

一、目的和要求

1. 熟练运用 C 语言的 3 种基本结构编程解决具体问题。
2. 掌握 continue 语句和 break 语句的使用方法。
3. 掌握循环嵌套程序的设计。
4. 掌握用循环的方法实现一些常用算法（如穷举、迭代、递推等）。

二、实验内容

1．穷举法编程

（1）编写程序，输入两个正整数 m 和 n，求它们的最大公约数和最小公倍数。

① 运行时要输入两组测试数据，分别使 $m>n$ 和 $m<n$，观察结果是否正确。

② 分别用 while 语句、do-while 语句和 for 语句实现。注意循环控制表达式的写法。

提示：

① 先求最大公约数，再用 m 与 n 的乘积除以最大公约数，结果即为最小公倍数。

② 求最大公约数的算法：

● 方法一，穷举法。

● 方法二，求差判定法。用大数减小数，如果差不为零，就用差和小数继续相减，直到差为零为止。最后这个减数就是最大公约数。

● 方法三，辗转相除法。用大数除以小数，如果不能整除，就用余数来除刚才的除数，依次类推，直到能够整除为止，这时作为除数的数就是所求的最大公约数。

（2）输出所有的水仙花数。水仙花数是指一个 3 位数，各位数字的立方和等于该数本身，例如 $153=1^3+5^3+3^3$。

提示：

● 方法一：首先对 100～999 之间的每个数分别求出它的个位、十位和百位数，再判断是否满足水仙花数的条件。

● 方法二：将问题转化为求 $x^3+y^3+z^3=x+10\times y+100\times z$ 的 3 个解，可以用穷举法。

（3）有四位同学中的一位做了好事，不留名，表扬信来了之后，院长问这四位同学是谁做的好事。

● A 说：不是我。

● B 说：是 C。

● C 说：是 D。

● D 说：C 胡说。

已知三个人说的是真话，一个人说的是假话。现在要根据这些信息，编写程序找出做了好事的同学。

提示：依次假设每个同学做了好事，判断四句话中是否有三句真话，逻辑真为 1，逻辑假为 0，由此推断结论。

（4）编程求解百钱百鸡问题：公元 5 世纪末，我国古代数学家张丘建在他的《算经》中提出了著名的"百钱百鸡问题"：鸡翁一，值钱五；鸡母一，值钱三；鸡雏三，值钱一。百钱买百鸡，问翁、母、雏各几何？

2．递推问题

（1）国民生产总值（GDP）每年递增 7.5%，编写程序计算并输出需要多少年国民生产总值才能翻一番。

（2）一只小猴得到一堆桃子，第一天它吃掉所有桃子的一半又多吃了一个，第二天它又吃掉剩余桃子的一半多一个，就这样，小猴每天都吃掉桃子的一半多一个，到了第十天，小猴只剩下一个桃子了。编程求解小猴第一天有多少个桃子。

（3）银行存款年利率为 1.9%，编写程序计算并输出需要存多少年存款才能翻一番。

（4）编写程序，从键盘输入一个正整数 n，计算 Fibonacci 数列第 n 项的值并输出。已知：

$$\text{Fib}_n = \begin{cases} 1 & (n=1) \\ 1 & (n=2) \\ \text{Fib}_{n-1} + \text{Fib}_{n-2} & (n \geq 3) \end{cases}$$

（5）有一分数序列：

$$\frac{1}{2}, \frac{1}{6}, \frac{1}{12}, \cdots, \frac{1}{n \times (n+1)}$$

求出这个数列的前 20 项之和。

（6）编写程序，用公式 $\frac{\pi}{4} = 1 - \frac{1}{3} + \frac{1}{5} - \frac{1}{7} + \cdots$ 计算 π 的近似值，直到最后一项的绝对值小于 10^{-6}。

（7）下面是一个计算 e 的近似值的 C 语言程序。从键盘输入 detax，使误差小于 detax。

```
#include <stdio.h>
int main( )
{
    double e=1.0,x=1.0,y,detax;
    int i=1;
    printf("Input detax:");
    scanf("%lf ",&detax);
    y=1/x;
    while (y>=detax)
    {
        x=x*i;
        y=1/x;
        e=e+y;
        i+=1;
    }
    printf("e=%12.10lf\n",e);
    return 0;
}
```

编译运行程序，并分析结果。

① 理解并运行程序，写出程序所依据的计算公式。

② 当输入的 detax 各是什么值时，能分别使程序按下面的要求运行：

● 不进入循环

● 只循环两次

● 进入死循环（程序将永远循环下去）

如何才能知道程序循环了多少次？

③ 若把程序中 while 语句之前的语句"y=1/x;"去掉，运行并分析结果。

④ 把原程序中的 while 结构改为 do-while 结构，程序应做哪些修改？并运行修改后的程序，比较 while 语句和 do-while 语句的异同。

（8）输入一个正整数，计算并输出该数各位上的数字之积。如输入 1234，则结果为 24。

（9）求 $S_n = a + aa + aaa + \cdots + \overbrace{aa\cdots a}^{n\uparrow a}$ 的值，其中 a 和 n 都是一个一位数，当 a=2，n=5 时，S_n=2+22+222+2222+22222。a 和 n 均由键盘输入，注意对它们的大小有什么要求。

（10）输入 x，计算下式的值：

$$1 + x - \frac{x^2}{2!} + \frac{x^3}{3!} - \frac{x^4}{4!} + \cdots$$

要求计算精度为 10^{-8}。

3．循环嵌套

（1）用循环语句编写程序，输出图 6.4 所示的图形。

（2）用循环语句编写程序，输出图 6.5 所示的图形。

（3）用循环语句编写程序，输出图 6.6 所示的图形。

（4）用循环语句编写程序，输出图 6.7 所示的图形。注意两个"*"之间有一个空格。

```
                              X Y X Y X Y X
M M M M M            *         X Y X Y X Y          * * * * * *
M M M M M          * * *       X Y X Y X            * * * * *
M M M M          * * * * *     X Y X Y              * * * *
M M M          * * * * * * *   X Y X                * * *
M M          * * * * * * * * * X Y                  * *
M          * * * * * * * * * * X                    *
```

　　图 6.4　M 图形　　　　图 6.5　*图形　　　　图 6.6　XY 图形　　　　图 6.7　*图形

（5）输入正整数 n，计算并输出小于等于 n 的素数的个数。已知 n>2。

（6）编写程序，打印输出如下形式的九九乘法表。

```
1*1=1
2*1=2   2*2=4
3*1=3   3*2=6   3*3=9
4*1=4   4*2=8   4*3=12   4*4=16
5*1=5   5*2=10  5*3=15   5*4=20   5*5=25
6*1=6   6*2=12  6*3=18   6*4=24   6*5=30   6*6=36
7*1=7   7*2=14  7*3=21   7*4=28   7*5=35   7*6=42   7*7=49
8*1=8   8*2=16  8*3=24   8*4=32   8*5=40   8*6=48   8*7=56   8*8=64
9*1=9   9*2=18  9*3=27   9*4=36   9*5=45   9*6=54   9*7=63   9*8=72   9*9=81
```

4．迭代法编程

（1）用迭代法求 x=$\sqrt{a}$ 。迭代公式为：

$$x_{n+1} = \frac{1}{2}\left(x_n + \frac{a}{x_n}\right)$$

要求前后两次求出的 x 差的绝对值小于 10^{-6}。

（2）利用以下简单迭代方法求方程 $\cos x - x = 0$ 的一个实根。

$$x_{n+1} = \cos(x_n)$$

① 取 x_1 的初值为 0.0；

② $x_0 = x_1$，即将 x_1 的值赋值给 x_0；

③ $x_1=\cos(x_0)$，求出一个新的 x_1；

④ 若 x_0-x_1 的绝对值小于 0.000001，执行步骤⑤，否则执行步骤②；

⑤ 所求 x_1 就是方程 $\cos x - x = 0$ 的一个实根，输出 x_1。

程序的计算结果是 0.739086。

实验 7　指　针

一、目的和要求

1. 理解指针的含义。

2. 掌握指针变量的定义及使用方法。

3. 掌握指针的运算。

二、实验内容

1. 调试以下程序，指出错误的原因。

```c
#include <stdio.h>
int main( )
{
    int x=10,y=5,*px,*py;
    px=py;
    px=&x;
    py=&y;
    printf("*px=%d,*py=%d\n",*px,*py);
    return 0;
}
```

2. 仔细分析下面两个程序的运行结果，并上机验证。

（1）
```c
#include <stdio.h>
int main( )
{
    int a1=11,a2=22;
    int *p1,*p2,*p;
    p1=&a1;
    p2=&a2;
    printf("%d,%d\n",*p1,*p2);
    p=p1;  p1=p2;  p2=p;
    printf("%d,%d\n",*p1,*p2);
    printf("%d,%d\n",a1,a2);
    return 0;
}
```

（2）
```c
#include <stdio.h>
int main()
{
    int a1=11,a2=22;
    int *p1,*p2,t;
    p1=&a1;
    p2=&a2;
    printf("%d,%d\n",*p1,*p2);
    t=*p1;  *p1=*p2;  *p2=t;
    printf("%d,%d\n",*p1,*p2);
    printf("%d,%d\n",a1,a2);
    return 0;
}
```

3. 从键盘输入 3 个整数，按从小到大的顺序排序并输出。要求用指针实现对变量的访问。

4. 从键盘输入若干学生的成绩，直到输入 –1 为止，求其中的最高分并输出。要求用指针实现对变量的访问。

实验 8　简单函数编程

一、目的和要求

1. 掌握模块化程序设计思想。

2．掌握函数的定义、调用及声明的方法。

3．了解系统库函数的分类，掌握各种常用库函数的使用。

二、实验内容

1．编写一个函数，输出语句："I Love China！"，并在主函数中调用该函数。

2．编写函数，判断指定的字符是否数字字符，如果是返回 1，否则返回 0。要求在主函数中输入该字符，调用函数并输出判断结果。

3．编写一个函数，判断一个年份 y 是否是闰年，如果是返回 1，否则返回 0。要求在主函数中输入 y，调用函数并输出判断结果。

3．编写一个函数，求 1!+2!+⋯+n!，n 在主函数中输入，并在主函数中输出计算结果。

4．编写一个函数，自行设计算法计算一个整数 m 的 n 次幂，在主函数中输入 m 和 n，并在主函数中输出计算结果。

5．编写一个判别素数的函数，如果是素数返回 1，否则返回 0。在主函数中输入一个整数，调用函数并输出是否素数的信息。

6．调试下面的程序，记录编译系统给出的出错信息，并指出错误原因。

```c
#include <stdio.h>
int main( )
{
    int x,y;
    printf("%d\n",sum(x+y));
    return 0;
}
int sum(a,b);
{
    int a,b;
    return(a+b);
}
```

7．求两个整数 m 和 n 的最大公约数和最小公倍数。要求编写一个函数 hef( )求最大公约数，编写一个函数 led( )求最小公倍数，在主函数中输入 m 和 n 的值，调用两个函数并输出结果。

8．编写函数，计算下式前 n 项之和。注意，n 在主函数中输入，计算结果在主函数中输出。例如，当 n=10 时，结果为 0.909091。

$$S = \frac{1}{1 \times 2} + \frac{1}{2 \times 3} + \cdots + \frac{1}{n \times (n+1)}$$

9．编写函数，计算 C_m^n。m 和 n 在主函数中输入，并在主函数中输出计算结果。

10．编写函数（非递归函数），计算 Fibonacci 数列第 n 项的值，n 在主函数中输入，结果在主函数中输出。已知：

$$\text{Fib}_n = \begin{cases} 1 & (n=1) \\ 1 & (n=2) \\ \text{Fib}_{n-1} + \text{Fib}_{n-2} & (n \geq 3) \end{cases}$$

实验 9　函数综合编程

一、目的和要求

1．掌握全局变量和局部变量、静态变量和动态变量的使用方法。

2．了解递归函数的运行过程和简单递归程序的编写。

3．掌握指针作为函数参数的使用方法。

4．了解返回指针值的函数和函数的指针。

二、实验内容

1．全局变量和局部变量

（1）指出下列各变量的存储属性，分析程序的应得结果，并上机验证。

```c
#include <stdio.h>
int n=1;
void func( )
{
    static int a=2;
    int b=5;
    a+=2;
    b+=5;
    n+=12;
    printf("a=%d,b=%d,n=%d\n",a,b,n);
}
int main( )
{
    int a=0,b=−10;
    printf("a=%d,b=%d,n=%d\n",a,b,n);
    func( );
    printf("a=%d,b=%d,n=%d\n",a,b,n);
    func( );
    return 0;
}
```

（2）用全局变量的方法解决实验 8 中第 7 题的问题。要求用两个全局变量分别代表最大公约数和最小公倍数。用两个函数分别求最大公约数和最小公倍数，但计算结果不由函数带回，而是赋值给全局变量。最后在主函数中输出它们的值。

2．函数递归调用

（1）编写一个递归函数，将正整数 n 转换成字符串。例如，输入 4281，应输出字符串"4281"。n 在主函数中输入，位数不确定，可以是 int 型变量能表示的任意整数（可以是 1 位数、2 位数、……、10 位数）。

（2）编写一个递归函数，计算十进制正整数 m 的二进制形式。例如，输入 22，应输出 10110。

（3）编写一个递归函数，计算 n!。n 在主函数中由键盘输入，结果在主函数中输出。

（4）编写递归函数，计算 Fibonacci 数列第 n 项的值。n 在主函数中由键盘输入，结果在主函数中输出。

3．指针做函数的参数

（1）编写一个函数，用指针作为参数，分别得到双精度实型数据的整数部分和小数部分。在主函数中输入一个双精度实数，调用函数并输出结果。

（2）编写一个函数，返回 3 个整数中的最大数。要求用指针作为函数参数得到最大数，在主函数中输入输出数据。

（3）编写函数，计算表达式求 $S_n = \overbrace{aa\cdots a}^{n\uparrow a} - \cdots - aaa - aa - a$ 的值，其中 a 和 n 的值均在 1～9 范围内。要求在主函数中输入和输出数据，函数通过指针返回计算结果。

例如，a=3，n=6，则以上表达式为：S=333333−33333−3333−333−33−3，其值为 296298。

（4）编写函数，将两个两位数的正整数 *a* 和 *b* 合并为一个新的正整数 *c*。合并方式是：将 *a* 数的十位和个位依次放在 *c* 数的十位和千位上，*b* 数的十位和个位依次放在 *c* 数的百位和个位上。要求在主函数中输入和输出数据，计算结果通过指针返回。

例如，当 *a*=45，*b*=12 时，调用函数后 *c*=5142。

（5）编写函数，计算 π 的值。已知：

$$\frac{\pi}{4} = 1 - \frac{1}{3} + \frac{1}{5} - \frac{1}{7} + \cdots$$

直到最后一项的绝对值小于 10^{-8} 为止。要求用指针作为函数参数返回计算结果。

4．指向函数的指针

设计一个函数 process，在调用它时，每次实现不同的功能。输入 *a* 和 *b* 两个数，第 1 次调用 process 时返回 *a* 和 *b* 中的最大数，第 2 次调用 process 时返回 *a* 和 *b* 中的最小数，第 3 次调用 process 时返回 *a* 与 *b* 之和，第 4 次调用 process 时返回 *a* 与 *b* 之差。

提示：本题要使用指向函数的指针做为 process 函数的参数，达到调用不同函数的目的。

实验 10　数　　　组

一、目的和要求

1．掌握一维数组和二维数组的定义、赋值和输入/输出方法。

2．掌握用数组进行程序设计的有关算法（特别是排序算法）。

二、实验内容

1．运行下面的程序。根据运行结果，分析源程序中的问题。

```c
#include <stdio.h>
int main( )
{
    int i,x[5]={1,2,3,4,5};
    for (i=0;i<=5;i++)
        printf("%4d",x[i]);
    return 0;
}
```

2．从键盘输入 10 个整数，存放在一维数组中，找出最大的数并输出该数及其下标。

3．从键盘输入 10 个学生的成绩，存放在一维数组中，用冒泡排序法从小到大进行排序，分别输出原始成绩和排序后的成绩。

4．从键盘输入 10 个整数，存放在一维数组 a 中，再输入一个任意的整数 x，在数组 a 中查找 x，如果找到了，输出 "Found!"，并输出 x 的下标；如果没找到，输出 "Not Found!"。

5．某歌手大赛，共有 10 个评委给歌手打分，分数采用百分制，去掉一个最高分，去掉一个最低分，然后取平均分，得到歌手的成绩。10 个分数由键盘输入，编写程序计算某歌手的成绩。

6．有一个一维数组包含 10 个元素，编写程序将其中的值按逆序重新存放。即第 1 个元素和最后 1 个元素交换位置，第 2 个元素和倒数第 2 个元素交换位置，依次类推。输出逆序排列后的结果。

7．有 13 个人围成一圈（编号为 0～12），从第 0 个人开始从 1 报数，凡报到 7 的倍数的人离开圈子，然后再从 1 数下去，直到只剩下最后一个人为止。编程输出此人原来的编号是多少号。

提示：可以定义一个大小为 13 的数组，数组下标作为每个人的编号，初值设为 1，凡是数到 7 的倍数的人将数组元素的值改为–1，表示离开圈子，值为–1 的元素下次不再计数，最后输出最后一个元素的下标。

8．有一个 4×5 的矩阵，编写程序找出值最大的那个元素，输出其值及其所在的行号和列号。

9．输入一个 *M* 行 *M* 列的二维数组，计算四周元素之和。*M* 由以下符号常量定义：

　　#define　M　5

10．输入一个 *M* 行 *M* 列的二维数组，分别计算两条对角线上的元素之和。*M* 由以下符号常量定义：

　　#define　M　5

11．输入一个 *M* 行 *M* 列的矩阵 *A*，计算 *B*=*A*+*A*'，即将矩阵 *A* 加上 *A* 的转置，存放在矩阵 *B* 中。*M* 由下面的符号常量定义：

　　#define　M　4

实验 11　字　符　串

一、目的和要求

1．掌握字符数组初始化、赋值、使用方法及编程特点。

2．掌握常用字符串函数的使用。

二、实验内容

1．有一段文字，共有 5 行，分别统计出其中英文大写字母、小写字母、数字、空格及其他字符的个数，并输出结果。

2．输入一行字符，判断该字符串中是否包含字符'a'，如果包含，统计出总共包含几个'a'字符并输出；如果不包含字符'a'，则输出"None!"。

3．输入一行字符，统计其中的单词个数并输出，已知单词之间用空格分隔开。

4．从键盘输入一个既包含大写字母也包含小写字母的字符串，分别输出其完全大写和完全小写的形式。

5．输入 6 个字符串，输出最长的字符串。

6．编写一个程序，将字符数组 str2 中的全部字符复制到字符数组 str1 中。不要使用 strcpy 函数。

7．编写一个程序，将字符数组 str2 中的全部字符连接到字符数组 str1 的后面。不要使用 strcat 函数。

实验 12　数组与指针

一、目的和要求

1．掌握通过指针访问数组元素的方法。

2．掌握一维数组名和二维数组名作为函数参数的使用。

3．掌握数组名作为函数参数的实质，学会使用指向数组的指针作为函数参数。

二、实验内容

1．有一个整型数组，包含 10 个元素，通过指针变量输入该数组的值。从第 2 个元素开始，每个元素的值等于原值减去前一个元素的值（即第 1 个元素的值保持不变），再通过指针变量输出修改后的数组。

2．有一个 float 型数组，包含 10 个元素，通过指针变量输入该数组的值。再通过指针变量，每隔一个元素输出一个值，即输出下标为 0，2，…，等元素的值。

3．有一个数组，其中存放 10 个学生的成绩，编写函数，计算并输出平均成绩。学生成绩在主函数中输入，并在主函数中输出平均成绩。要求分别用数组和指针作为函数参数。

4．编写函数，使给定的一维整型数组（包含 10 个元素）中的元素逆序存放。在主函数中输入输出该数组。

5．有一个数组（包含 12 个元素），编写函数对数组中的元素从小到大排序，要求用指向数组的指针作为函数参数，在主函数中输入该数组并输出排序后的结果。

6．编写函数，使给定的一个矩阵（4×4）转置，即行列互换。在主函数中输入该矩阵，并输出转置后的结果。

7．有一个班，有 4 个学生，5 门课。① 求各门课的平均分；② 找出有两门以上（含两门）课程不及格的学生，输出学号、全部课程成绩及平均成绩；③ 找出平均成绩在 90 分以上（含 90 分）或全部课程成绩在 85 分以上（含 85 分）的学生，输出它们的学号和全部课程成绩。分别编写 3 个函数实现以上 3 个要求。

8．有一个 4×5 的矩阵，编写函数求出最大值和最小值。在主函数中输入该矩阵，并在主函数中输出最大值和最小值。

9．有一个 4×5 的矩阵，编写函数求出最小元素，以及该元素所在的行号和列号。在主函数中输入该矩阵，并在主函数中输出元素值以及其所在的行号和列号。

10．编写函数，求一个 4×5 的矩阵 A 的逆矩阵 B。在主函数中输入矩阵 A，输出 A 的逆矩阵 B。

实验 13　字符串与指针

一、目的和要求

1．掌握指向字符串的指针变量的使用。

2．掌握字符串作为函数参数的方法。

二、实验内容

1．编写函数，用数组或指针作为函数参数，将字符串中的非小写字母全部删除。在主函数中输入字符串，并分别输出删除字符前后的字符串。

2．编写函数，用指针作为函数参数，将两个字符串连接成一个字符串，并且返回新字符串的首地址。不能使用 strcat 函数。函数原型为：

　　　　char *connect(char *t1,char *t2);

3．编写函数，用指针作为函数参数，将一个字符串 t2 复制到另一个字符数组 t1 中，并返回新串的首地址。不能使用 strcpy 函数。函数原型为：

　　　　char *copy(char *t1,char *t2);

4．输入一个字符串，编写函数将其中的字符按从小到大的顺序排序，在主函数中输入字符串，并输出排序前后的字符串。

5．编写函数，用指针作为函数参数，将字符串中的小写字母转换成大写字母。函数原型为：

　　　　void mytoupper(char *t);

6．编写函数，将字符数组 str 中的字符串逆序存放。字符串 str 在主函数中输入，并在主函数中输出逆序后的结果。

实验 14 结构体、共用体与枚举类型

一、目的和要求

1. 掌握结构体、共用体类型和枚举类型的定义和使用。
2. 掌握结构体类型数组的概念和使用。
3. 掌握指向结构体变量的指针的应用。
4. 了解链表的概念和应用。

二、实验内容

1. 结构体、共用体和枚举类型

（1）定义一个结构体类型，用于存放职工信息，其中包括：职工号、姓名、性别、年龄、职称、家庭住址。定义一个该类型的变量，从键盘输入一个职工的数据，然后打印出来。

（2）有 10 名学生，每个学生的数据包括：学号、姓名、成绩。从键盘输入 10 个学生的数据，逐个输出数据并输出成绩最高者的姓名和成绩。

（3）上题中，分别编写函数实现上述功能。用 input 函数输入 10 个学生数据，用 output 函数输出 10 个学生数据，用 max 函数找出最高分的学生数据，最高分学生数据在主函数中输出。

提示：本题可用两种方法实现，把结构体数组定义为全局变量或使用结构体数组名作为函数参数。

（4）定义一个结构体变量，存放年、月、日。从键盘输入一个日期，计算并输出该日在该年中是第几天。注意该年是闰年的情况。

提示：

① 方法一：算法参照实验 4。

② 方法二：定义一个长度为 12 的数组，存放每个月的天数，假设 2 月有 28 天，使用循环在日上累加月之前的各个月的日期，得到总天数。最后判断当前月数，如果大于 2，且是闰年的情况，天数加 1，否则保持原来的结果。

（5）编写一个简单的图书借阅程序。图书信息包含以下数据项：图书编号、图书名、出版社、出版时间、是否已被借阅。

要求：

① 根据以上信息定义图书的结构体类型 book。

② 假定该图书馆有图书 5 本（为简化调试，以输入 5 本图书信息为例），定义该结构体类型数组，程序运行时先从键盘上输入图书信息，建立该图书信息库。

③ 由用户从键盘上输入所借阅的"图书编号"或"图书名"，程序根据输入的信息，查找有无该图书，如果没有则显示"没有该图书"；如果有则查看该书是否已被借阅（借阅标志是否为'N'），如果已借阅则反馈信息为"该书已借出，不能借阅"；如果没被借阅，则将该书借出（借阅标志变为'Y'）并显示"借阅成功"。

（6）输入并运行以下程序：

```c
#include <stdio.h>
union data
{
    int x[2];
```

```
            float a;
            long b;
            char c[4];
      }u;
      int main( )
      {
            scanf("%d,%d",&u.x[0],&u.x[1]);
            printf("x[0]=%d,x[1]=%d\na=%f,b=%ld\n",u.x[0],u.x[1],u.a,u.b);
            printf("c[0]=%c,c[1]=%c,c[2]=%c,c[3]=%c\n",u.c[0],u.c[1],u.c[2],u.c[3]);
            return 0;
      }
```

输入两个整数 10000 和 20000 给 u.x[0]和 u.x[1]，分析运行结果。

（7）定义一个结构体变量，包括学生学号、姓名和 3 门课程的成绩。要求在主函数中输入这些数据，在自定义函数 print 中将它们输出。要求使用指向结构体的指针作为函数参数。

（8）某校建立一个人员登记表，内容如下：

编　号	姓　名	性　别	职　业	班级／单位
95001	Wang Fang	M	S	js45
1004a	Feng Ming	F	T	dept1

其中，职业 S 表示学生，T 表示教师。根据职业来决定最后一项的内容，如为学生，则最后一项为班级，如为教师，则最后一项为单位。编写程序，输入以上两人的数据，并输出之。

2．链表

（1）建立一个链表，每个结点包括的成员为：职工号、工资。用 malloc 函数开辟新结点。要求链表包含 5 个结点，从键盘输入结点的有效数据，然后把这些结点的数据打印出来。用 create 函数来建立链表，用 list 函数输出数据。5 个职工的职工号为 101、103、105、107、109。

（2）在上题基础上，新增加一个职工的数据，按职工号的顺序插入链表。新职工的职工号为 106。编写一个函数 insert 来插入新结点。

（3）在上题的基础上，写一函数 delete，用来删除一个结点。今要求删除职工号为 103 的结点。打印出已删除后的链表。

（4）13 个人围成一圈，每个人的序号依次是 0,1,2,…,12，从第 1 个人开始顺序报数 1、2、3。凡是报到 3 者退出圈子，找出最后留在圈子中的人原来的序号。要求用链表实现。

实验 15　文　　件

一、目的和要求

1．掌握文件操作的基本步骤。

2．掌握文件的打开、关闭、读、写等文件操作函数。

二、实验内容

1．从键盘输入一个字符串，然后将其以文件的形式存到磁盘上。磁盘文件名为 file1.txt。

2．打开上题生成的文件，统计其中的字符个数。

3．从磁盘文件 file1.txt 中读入一行字符，将其中所有小写字母改为大写字母，然后输出到磁盘文件 file2.txt 中。

4．对文件 file1.txt 进行加密，加密算法采用异或操作，加密后的数据写入文件 new.txt 中。

5．有 5 个学生，每个学生的信息包括：学号、姓名和 3 门功课的成绩，从键盘上输入每个学生的信息，计算出平均成绩，然后将原有数据和计算出的平均分数存放在磁盘文件 file3.dat 中。

6．将上题 file3.dat 文件中的学生数据，按平均分高低排序后存入一个新文件 file4.dat 中。

第 7 章　C 语言编程常见错误分析

功能强、使用方便灵活是 C 语言的最大特点。C 语言编译程序对语法检查并不像其他高级语言那么严格，这就给编程人员留下了"灵活的余地"，同时也给程序的调试带来了许多不便，尤其对初学者而言，常常面对错误的程序，却很难找到错误在哪里。

初学者需要记住两点：

① C 语言程序经过编译发现语法错误时，编译环境里所提示的出错位置不一定准确。

② C 语言程序经过编译，结果显示"0 error(s)，0 warning(s)"时，只表示程序没有语法错误，还需要执行程序并通过执行结果判断程序是否存在逻辑错误。

所以，需要在编程过程中积累经验避免各种各样的语法错误和逻辑错误。

下面是 C 语言编程时常犯的错误，仅供各位读者参考。

1. 书写标识符时，忽略了大小写字母的区别

```
#include <stdio.h>
int main( )
{
    int a=5;
    printf("%d ",A);
    return 0;
}
```

编译程序认为 a 和 A 是两个不同的变量，而提示出错信息。C 语言认为大写字母和小写字母是两个不同的字符。习惯上，符号常量名用大写，变量名用小写，全局变量首字母大写，以增加程序的可读性。

2. 忽略了变量的类型，进行了不合法的运算

```
#include <stdio.h>
int main( )
{
    float a,b;
    printf("%d ",a%b);
    return 0;
}
```

%是求余运算符，要求参与运算的两个量必须是整型数据，实型变量是不允许进行"求余"运算的。

3. 忽略了除法运算符"/"两侧参与运算的数据的类型

C 语言中，除法运算符"/"两侧的数据如果都是整型，则结果取整，即去掉小数部分；其两侧的数据只要有一个是实型时，结果就是实型。

例如，利用海伦公式求三角形的面积：

```
x=1/2*(a+b+c);
s=sqrt((x-a)*(x-b)*(x-c));
```

计算 1/2 时，因为"/"两边数据都是整型，所以结果取整，就是 0，这样上述语句就无法计算三角形的面积了，实际编程时，要注意把 1/2 改为 1.0/2 或 1/2.0 或 1.0/2.0。

4．输入变量时忘记加地址运算符 "&"

```
int a,b;
scanf("%d%d",a,b);
```

这是一种常见的疏忽。scanf( )函数的作用是，将输入的值保存到指定的内存地址中。因此，应该提供变量 a、b 的地址，而不是 a、b 的值。"&a" 才是变量 a 在内存中的地址。

5．将字符串常量赋值给字符变量

```
char c;
c="a";
```

这里混淆了字符常量与字符串常量。c 是字符类型的变量，只能存放一个字符，而"a"是字符串常量，C 语言规定由系统自动加上'\0'作为字符串结束标志。因此，"a"实际上包含两个字符：'a'和'\0'。

6．输入数据的方式与要求不符

```
scanf("%d%d",&a,&b);
```

如果 scanf 函数的双引号内除了格式控制符外没有其他符号，则在输入多个数据时，可以用空格、回车键或 Tab 键分隔，不能输入其他符号，如逗号等。例如下面的输入不合法：

3,4✓

又如，下面的语句：

```
scanf("%d,%d",&a,&b);
```

由于 C 语言规定：如果在"格式控制"字符串中除了格式说明以外还有其他字符，则在输入数据时应输入与这些字符相同的字符。如下输入是合法的：

3,4✓

此时不用逗号或用逗号以外的任何字符都是不对的。

再如：

```
scanf("a=%d,b=%d",&a,&b);
```

应该输入：

a=3,b=4✓

7．输入字符的格式与要求不一致

在用"%c"格式输入字符时，"空格字符"和"转义字符"都作为有效字符输入。

```
scanf("%c%c%c",&c1,&c2,&c3);
```

如果输入 a b c✓，则字符'a'送给 c1，字符' '送给 c2，字符'b'送给 c3。此时，输入的字符之间不需要用空格间隔。

8．输入/输出的数据类型与所用格式说明符不一致

对于如下程序段：

```
int a=3;
float b=4.5;
printf("%f,%d\n",a,b);
```

编译系统是不会给出出错信息的，但运行结果将与 a、b 的初值不符——这种错误尤其需要注意。

9．输入数据时，企图规定精度

```
scanf("%7.2f",&a);
```

这样做是不合法的，输入数据时不能规定精度。

10．忽略了 "=" 与 "==" 的区别

在许多高级语言中，用 "=" 符号作为关系运算符 "等于"。但是在 C 语言中，"=" 是赋值运算

符，"＝＝"才是关系运算符"等于"。例如：

```
#include <stdio.h>
int main( )
{
    int a,b,t;
    scanf("%d%d",&a,&b);
    t=a%b;
    if (t=0)
        printf("%d%%%d=0\n",a,b);
    else
        printf("NO!\n");
    return 0;
}
```

这个程序的本意是从键盘输入两个整数 a 和 b，判断 a 是否能被 b 整除，在编译时，也没有错误，但是表达式"t=0"是赋值运算，所以无论 a 和 b 输入什么值，这个条件永远为假。正确的作法是把"t=0"改写成"t==0"。

11．忘记加分号

分号是 C 语句中不可缺少的一部分，语句末尾必须有分号。例如：

```
a=1
b=2;
```

编译时，编译程序在"a=1"后面没发现分号，就把下一行"b=2;"也作为上一行语句的一部分，就会出现语法错误。改错时，有时在被指出有错的一行中未发现错误，就需要检查上一行是否漏掉了分号。

12．多加分号

对于一个复合语句，如：

```
{
    z=x+y;
    t=z/100;
    printf("%f",t);
};
```

复合语句的花括号后不应该再加分号，否则将会画蛇添足。

又如：

```
if (a%3==0);
    i++;
```

原意是如果 3 整除 a，则 i 加 1。编译该语句时系统不会提示出错，但由于在 if 语句的表达式的后面多加了分号，则 if 语句到此结束，不论 3 是否整除 a，程序都将执行 i++语句。

又如：

```
if (x>5);
    y=x;
else
    y=2*x-1;
```

由于"if (x>5)"后多加了分号，则 if 语句到此结束，后面的 else 语句找不到与之配对的 if，所以编译将出错。

13．多分支结构中，弄错了 else 和 if 的配对关系

在多分支结构中，else 必须和 if 配对使用，而且每个 else 都要和它前面离它最近且尚未与其他 else 配对的 if 配对。

例如，编程求解函数：$y = \begin{cases} 1 & (x > 0) \\ 0 & (x = 0) \\ -1 & (x < 0) \end{cases}$

这个题目是一个典型的多分支结构的例子，可以有多种算法实现，例如，写成如下形式：

```c
#include <stdio.h>
int main( )
{
    int x,y;
    scanf("%d",&x);
    y=-1;
    if (x!=0)
        if (x>0)
            y=1;
    else
        y=0;
    printf("x=%d,y=%d\n",x,y);
    return 0;
}
```

编程者的原意是想让 else 和第 1 个 if 配对，然而按照 else 的配对原则，它应该与第 2 个 if 配对。这样，就变成了当 x<0 时 y=0，当 x=0 时 y=-1，显然算法是错误的。因此，需要把程序的分支结构部分修改如下：

```c
if (x!=0)
{
    if (x>0)
        y=1;
}
else
    y=0;
```

14. 应该作为整体操作的复合语句没有加大括号"{…}"

在程序设计中，复合语句从形式上看是用大括号"{…}"括起来的多个语句的组合，在语法意义上它是一个整体，相当于一条语句，经常出现在分支结构和循环结构中。例如：

```c
if (a>b)
    t=a;
    a=b;
    b=t;
```

这段代码的编写意图是要实现当 a>b 条件成立时，执行 a 和 b 交换的操作。显然 if 条件后面这 3 条语句应该作为一个整体，即复合语句。初学者常常会忘记加"{…}"，这样就变成，当 a>b 条件成立时，执行"t=a;"，而后面的两个语句就变成是与 if 语句并列的语句，即无论 a>b 是否成立，它们都顺序执行。

15. 不能准确书写逻辑表达式

在 C 语言中，运算符"&&"表示逻辑与，"||"表示逻辑或，通常如果一个判断条件中包括多个关系表达式，它们之间就需要正确选择逻辑运算符来连接成一个完整的逻辑表达式。

例如，对于一个变量 x，如果取值范围是 x∈[-1,1]，编程时，如果写成："if (-1<x<1)"，就是错误的。假设 x=0.1，那么这个 if 条件逻辑上应该是真。但是经过分析，"<"是左结合性运算符，先运算-1<x，结果为真，即 1，然后在运算 1<1，结果为假。所以，在 C 语言编程过程中，表示这种区间取值范围，应该写成一个逻辑表达式"if (-1<x&&x<1)"。

16. switch 语句中漏写 break 语句

例如，根据考试成绩的等级打印出百分制分数段。

```
switch(grade)
{
        case 'A': printf("85~100\n");
        case 'B': printf("70~84\n");
        case 'C': printf("60~69\n");
        case 'D': printf("<60\n");
        default: printf("error\n");
}
```

在每个分支的最后漏写了 break 语句。由于 case 只起标号的作用，不起判断的作用，因此，当 grade 值为'A'时，printf 函数在执行完第 1 个语句后会接着执行第 2、3、4、5 个 printf( )语句。正确的写法应在每个分支后再加上"break;"语句，即写成下面的形式：

```
case 'A': printf("85~100\n"); break;
```

17. 循环嵌套时，内外层循环控制变量同名

使用循环嵌套时，内外层循环控制变量不能同名。例如，要输出如图 7.1 所示的 4×5 的*矩阵。

代码如下：

```
for (i=1;i<=4;i++)
{
        for (i=1;i<=5;i++)
            putchar('*');
        putchar('\n');
}
```

```
*****
*****
*****
*****
```

图 7.1　*矩阵

执行程序，当 i=1 时，i<=4 成立，循环体执行一次，会输出 5 个 "*" 并换行，此时 i=6，再执行外层循环里的 i++，则 i=7，再判断 i<=4 不成立，循环终止。所以，这段程序无法实现输出一个 4×5 的*矩阵，原因就是内外层循环控制变量同名了。

18. 数组长度用变量定义

```
int n;
scanf("%d",&n);
int a[n];
```

在数组定义中，方括号中的长度应该是整型常量表达式，也可以是符号常量，不能定义成变量，即 C 语言不允许对数组的大小作动态定义。

19. 数组下标越界

```
#include <stdio.h>
int main( )
{
        int a[10]={1,2,3,4,5,6,7,8,9,10};
        printf("%d\n",a[10]);
        return 0;
}
```

C 语言中规定，数组的下标是从 0 开始的。在定义 "int a[10];" 中，最大的数组元素是 a[9]，不存在数组元素 a[10]。

20. 在数组名前加取地址运算符 "&"

```
char str[10];
scanf("%s",&str);
```

数组名代表数组元素在内存中的首地址，它本身就是地址的概念，因此在 scanf( )函数中，数组

名 str 前不用再加取地址运算符 "&"。应改为：

```
scanf("%s",str);
```

21. 函数定义中形参变量重复定义

有如下函数定义：

```
int max(int x,int y)
{
    int x,y,z;
    z=x>y?x:y;
    return(z);
}
```

在函数定义中，形参一旦被定义，在所在的函数中即可使用，在函数体中不需要再重复定义这些变量，因此本例应改为：

```
int max(int x, int y)
{
    int z;
    z=x>y?x:y;
    return(z);
}
```

第 8 章　OJ 系统简介

8.1　ACM/ICPC 介绍

ACM 即美国计算机协会（Association for Computing Machinery，http://www.acm.org），成立于 1947 年，是一个致力于信息技术、科学和应用发展的国际性科研与教育组织，号称计算机界的诺贝尔奖"图灵奖"就是由该协会评审和颁发的。

ACM 国际大学生程序设计竞赛，即 ACM International Collegiate Programming Contest（http://icpc.baylor.edu），简称 ACM 或 ACM/ICPC，这项赛事由 ACM 协会主办，始于 1970 年，成形于 1977 年，是一项旨在展示大学生创新能力、团队精神和在压力下编写程序、分析和解决问题能力的年度竞赛。是目前世界上公认的规模最大、水平最高的国际大学生程序设计竞赛。

ACM/ICPC 的主要目的是考查大学生运用计算机来充分展示自己分析问题和解决问题的能力，培养参赛选手的创造力和团队合作精神，检测选手们在压力下进行开发活动的能力。它是大学计算机教育成果的直接体现，是信息企业与世界顶尖计算机人才对话的最好机会。

ACM/ICPC 以组队的形式代表学校参赛。每支代表队可以由三名队员组成，每位队员必须是入校五年以内的在校学生，并且最多可以参加 2 次全球总决赛和 4 次区域预选赛（如亚洲区预选赛），其他比赛不限次数。

比赛期间，每队使用 1 台计算机需要在 5 个小时内使用 C、C++或 Java 中的一种语言编写程序解决 7～11 个问题。程序完成后提交服务器运行，运行的结果会判定为正确或错误并实时通知参赛队伍。而且有趣的是每队在正确完成一题后，组织者将在其位置上升起一只代表该题颜色的气球。最后的获胜者为正确解答题目最多且总用时最少的队伍。每道题目的用时将从竞赛开始到试题解答被判定为正确为止，其间每一次提交运行结果被判错误将被加罚 20 分钟时间，未正确解答的题目不记时。例如：A、B 两队都正确完成两道题目，其中 A 队提交这两题的时间分别是比赛开始后 0:20 和 0:45，B 队为 0:20 和 0:40，但 B 队有一题提交了 2 次。这样 A 队的总用时为 0:20+0:45= 1:05，而 B 队为 0:20+0:40+0:20=1:20，所以 A 队以总用时少而获胜。

选手提交程序后，服务器将运行结果（正确或出错的类型）通过网络返回给选手。返回结果的类型包括：

① Accepted.（AC）：表示这道题做对了，这也是唯一的正确状态。

② Wrong Anwser.（WA）——输出结果错。可能是算法不正确，或者题目没仔细看清楚，很多时候思路是对的，只是细节处理上欠妥当。

③ Runtime Error.（RE）——运行时错误。一般是程序在运行期间执行了非法的操作造成的。这种错误说明代码在编译时是正确的，但是运行时出现了错误。运行错误是一类错误的统称，具体细分下去有很多，最常见的运行错误就是程序出现死循环，就是程序执行了一个无法终止的循环语句。

④ Time Limit Exceeded.（TLE）——超时。程序运行的时间已经超出了这个题目的时间限制。TLE 说明代码运行效率太低，一般就要考虑新的算法了，有时也有可能是忘记加程序终止的条件。

⑤ Presentation Error.（PE）——格式错误。虽然程序貌似输出了正确的结果，但这个结果的格式有问题。这时需检查程序的输出是否多了或少了空格（' '）、制表符（'\t'）或者换行符（'\n'）。PE

说明思路和代码完全是正确的，只是输出格式有点小瑕疵，实际上离 AC 已经很接近了。

⑥ Memory Limit Exceeded.（MLE）——内存超限。程序运行的内存已经超出了这个题目的内存限制。

⑦ Compile Error.（CE）——编译错误。程序语法有问题，编译器无法编译。具体的出错信息可以打开链接查看。一般，如果代码在自己的编译器下能编译通过，是不会出这种错误的，出错主要原因是提交语言选错了。

8.2　题目格式

8.2.1　题目格式说明

ACM 竞赛题由 Description（题目描述）、Input（输入）、Output（输出）、Sample Input（样例输入）和 Sample Output（样例输出）五部分组成。

① Description 部分通常叙述问题的背景和问题的要求。出题者常常会在这部分中明示或暗示问题所涉及的数据范围。可以通过这部分了解问题的实质要求，并由此确定解题的策略、数据结构和相应的算法。

② Input 和 Output 部分描述对问题解决方案的测试用例，也就是数据的输入格式和程序的输出规格要求。通常会在这部分说明数据的范围。

③ Sample Input 和 Sample Output 部分一方面直观表现测试用例的格式，另一方面也对输入/输出规格描述的不尽之处给予补充。

8.2.2　样题示例

1．样题 1：A+B

A+B Problem

Time Limit: 1000ms	Memory Limit: 10000K
Total Submissions: 302263	Accepted: 165768

Description

Calculate a+b

Input

Two integer a,b (0<=a,b<=10)

Output

Output a+b

Sample Input

1 2

Sample Output

3

说明：

① Time Limit：时间限制，表示程序运行完所有测试数据可以使用的最长时间为 1000ms（即 1s），超出则返回超时错误 TLE。

② Memory Limit：内存限制，表示程序运行能使用的最大内存空间，超出则返回内存超限错误

MLE。

③ Total Submissions: 总提交次数，即截至当前时间，该题目的总提交次数。

④ Accepted: AC 次数，即截至当前时间，该题目做对的次数。

参考程序如下：

```
#include <stdio.h>
int main( )
{
    int a,b;
    scanf("%d%d",&a,&b);
    printf("%d\n",a+b);
    return 0;
}
```

2. 样题 2：鸡兔同笼

鸡兔同笼

Time Limit: 1000ms	Memory Limit: 10000K
Total Submissions: 302263	Accepted: 165768

Description

一个笼子里关了若干鸡和兔子，鸡有 2 只脚，兔子有 4 只脚，没有例外。已知笼中脚的总数为 a，问笼子里至少有多少只动物，至多有多少只动物？

Input: 第一行是测试数据的组数 n，后面跟着 n 行输入。每组测试数据占一行，每行包含一个正整数 a（a<32768）。

Output: 输出包含 n 行，每行对应一个输入，包含两个正整数，第一个是最少的动物数，第二个是最多的动物数，两个正整数用一个空格分开。如果没有满足要求的答案，则输出两个 0。

Sample Input:

```
2
3
20
```

Sample Output:

```
0 0
5 10
```

分析：

① 对于脚的总数为奇数的情况，不可能出现，要先进行判断：若 a%2==1，说明脚为奇数，此时直接输出 0 0。

② 对于脚为偶数的情况有两种：

● 能被 4 整除，即 a%4==0，动物最少则全部是兔子，此时动物数为 a/4；动物最多则全部是鸡，数量为 a/2。

● 不能被 4 整数，即被 4 整除余 2，如 18、22 等，动物最少则应该是 a/4 只兔子加 1 只鸡，即 a/4+1；动物最多则全部是鸡，数量为 a/2。

③ 程序应首先读入测试数据组数 n；再循环依次读入每组测试数据，判断、计算并输出结果。

参考程序如下：

```
#include <stdio.h>
int main( )
{
    int n,i,a;
    scanf("%d",&n);
    for (i=1;i<=n;i++)
```

```
        {
            scanf("%d",&a);
            if (a%2==1)
                printf("0 0\n");
            else if (a%4==0)
                printf("%d %d\n",a/4,a/2);
            else
                printf("%d %d\n",a/4+1,a/2);
        }
        return 0;
    }
```

8.3　常见输入/输出格式

由于 ACM 竞赛题目的输入数据和输出数据一般有多组（不定），并且格式多种多样，所以，如何处理题目的输入和输出是一项最基本的要求。这也是困扰初学者的问题。

平常学习中，可能习惯了使用提示信息来提高程序的交互性，但 ACM 不需要任何交互性，在输入和输出时不能有冗余信息。必须严格按照题目的要求读入数据和输出结果，不按照题目要求进行输入和输出的程序是无法通过系统测试的。

需要说明的是，在一般竞赛题目中给出的测试数据都是合法的，一般不需要在读入测试数据后对其进行合法性检查。如果测试数据中可能输入如越界等情况的数据，题目中会给出提示。

下面，分类介绍几种输入和输出格式（为简要起见，均采用中文描述）。

8.3.1　数据输入格式

1. A+B(I)

问题描述：计算 a+b。

输入：输入包含多组测试数据，每组数据包含整数 a 和 b，中间由一个空格分隔，每组数据单独占一行。

输出：对于每组输入数据 a 和 b，输出它们的和，输出结果单独占一行，一行输出对应一行输入。

样例输入：
```
1 5
10 20
```

样例输出：
```
6
30
```

分析：输入不说明有多少组数据，循环结束条件不好设置。但所有数据均存放在文件中，文件结束时有结束标志 EOF，因此使用循环逐个读入每组测试数据，然后计算、输出，再读下一组数据，直到 scanf 函数的返回值为 EOF，数据结束。

这里，要用到 scanf 函数的返回值：

■ >0：成功读入的数据项个数。

■ =0：没有项被赋值。

■ EOF：没有读到数据，第一个尝试输入的字符是 EOF（结束）。

在 ACM 中，返回值为 EOF 可以用来判断输入数据已经全部读完。EOF 是一个预定义的常量，值为-1，在 C/C++中作为文件结束标志。

参考程序：

```
#include <stdio.h>
int main( )
{
    int a,b;
    while(1)
    {
        if (scanf("%d%d",&a,&b)==EOF)        //判断是否结束
            break;
        printf("%d\n",a+b);
    }
    return(0);
}
```

2．A+B(Ⅱ)

问题描述：计算 a+b。

输入：输入数据的第一行是整数 N，后跟 N 行数据。每行包含一对整数 a 和 b，中间由一个空格分隔，每组数据单独占一行。

输出：对于每组输入数据 a 和 b，在一行中输出它们的和，一行输出对应一行输入。

样例输入：
```
2
1 5
10 20
```

样例输出：
```
6
30
```

分析：输入一开始就说有 N 组输入数据，后面跟着这 N 组输入。因此，在处理时，先读入 N，然后用 N 控制循环依次处理每组数据。在循环中读入一组数据、计算、输出，再读下一组数据。

参考程序：

```
#include <stdio.h>
int main( )
{
    int n,i,a,b;
    scanf("%d",&n);
    for (i=1;i<=n;i++)               //或：while (n--)
    {
        scanf("%d%d",&a,&b);
        printf("%d\n",a+b);
    }
    return(0);
}
```

3．A+B(Ⅲ)

问题描述：计算 a+b。

输入：输入包含多组测试数据，每组测试数据包含一对整数 a 和 b，每组单独占一行。当输入数据包含 0 0 时结束，该组数据不需处理。

输出：对于每组输入数据 a 和 b，在一行中输出它们的和，一行输出对应一行输入。

样例输入：
```
1 5
10 20
0 0
```

样例输出：
```
6
30
```

分析：处理时，在循环体中，先读入一组测试数据，再判断是否结束标志，若是则退出循环，否则进行计算、输出，再读下一组数据。

参考程序：
```c
#include <stdio.h>
int main( )
{
    int a,b;
    while(1)
    {
        scanf("%d%d",&a,&b);
        if (a==0&&b==0)          //判断是否结束标记
            break;
        printf("%d\n",a+b);
    }
    return(0);
}
```

注意，循环语句不能写成如下形式：
```c
while(scanf("%d%d",&a,&b)&&(a!=0&&b!=0))
    printf("%d\n",a+b);
```
请思考为什么？

4．A+B(Ⅳ)

问题描述：计算一些数的和。

输入：输入包含多组测试数据，每组测试数据首先包含一个整数 N，在同一行中后跟 N 个整数。当 N 为 0 时输入结束，该组数据不需处理。

输出：对于每组输入数据，计算并输出它们的和，一行输出对应一行输入。

样例输入：
```
4 1 2 3 4
5 1 2 3 4 5
0
```

样例输出：
```
10
15
```

分析：在循环体中处理每组数据时，先读入第一个数 N，判断 N 是否结束标志 0，若是则退出循环，否则再用一个循环语句读后面的 N 个数，每次读一个，依次累加、求和，最后输出。

参考程序：
```c
#include <stdio.h>
int main( )
{
    int n,i,sum,x;
    while (1)
    {
        scanf("%d",&n);
        if (n==0)          //判断是否结束标记
            break;
        sum=0;
        for (i=1;i<=n;i++)
        {
```

```
        scanf("%d",&x);
        sum+=x;
    }
    printf("%d\n",sum);
    }
    return(0);
}
```

5. A+B(Ⅴ)

问题描述：计算一些数的和。

输入：输入数据的第一行是一个正整数 N，后跟 N 行。每行由一个正整数 M 开始，后跟 M 个整数。

输出：对于每组输入数据，计算并输出它们的和，一行输出对应一行输入。

样例输入：

```
2
4 1 2 3 4
5 1 2 3 4 5
```

样例输出：

```
10
15
```

分析：首先读入第一个数 N，然后用 N 控制循环，处理 N 组输入数据。在循环体中处理每组数据时，先读入 M，用 M 控制内层循环读 M 个数，循环中累加、求和，循环结束后输出结果。

参考程序：

```
#include <stdio.h>
int main( )
{
    int n,m,i,sum,x;
    scanf("%d",&n);
    while (n--)                    //循环处理 n 组数据
    {
        scanf("%d",&m);
        sum=0;
        for (i=1;i<=m;i++)          //循环读入 m 个数
        {
            scanf("%d",&x);
            sum+=x;
        }
        printf("%d\n",sum);
    }
    return(0);
}
```

6. A+B(Ⅵ)

问题描述：计算一些数的和。

输入：输入包含多组测试数据，每组单独占一行。每行由一个正整数 N 开始，后跟 N 个整数。

输出：对于每组输入数据，计算 N 个整数的和并输出，一行输出对应一行输入。

样例输入：

```
4 1 2 3 4
5 1 2 3 4 5
```

样例输出：

```
10
15
```

分析：输入数据没有明显的结束标志，就只能判断文件结束标志 EOF。因此，在读整数 N 时，判断 scanf 函数的返回值是否 EOF，是则说明数据结束，否则再用 N 控制内层循环，读每一个数，依次累加、求和，最后输出。

参考程序：

```c
#include <stdio.h>
int main( )
{
    int n,i,sum,x;
    while(1)
    {
        if (scanf("%d",&n)==EOF)      //判断文件是否结束
            break;
        sum=0;
        for (i=1;i<=n;i++)            //循环读 n 个数
        {
            scanf("%d",&x);
            sum+=x;
        }
        printf("%d\n",sum);
    }
    return(0);
}
```

8.3.2　数据输出格式

1．A+B(Ⅰ)

问题描述：计算 a+b。

输入：输入包含多组测试数据，每组数据包含整数 a 和 b，中间由一个空格分隔，每组数据单独占一行。

输出：对于每组输入数据 a 和 b，输出它们的和，输出结果单独占一行，一行输出对应一行输入。

样例输入：
```
1 5
10 20
```

样例输出：
```
6
30
```

分析：这是最常见的输出格式，一组输入对应一组输出，各组输出数据之间没有空行。因此，输出结果后再输出一个换行符即可。

参考程序：

```c
#include <stdio.h>
int main( )
{
    int a,b;
    while(1)
    {
        if (scanf("%d%d",&a,&b)==EOF)
            break;
        printf("%d\n",a+b);            //输出换行
    }
    return(0);
}
```

2．A+B(Ⅶ)

问题描述：计算 a+b。

输入：输入包含多组测试数据，每组数据包含整数 a 和 b，中间由一个空格分隔，每组数据单独占一行。

输出：对于每组输入数据 a 和 b，输出它们的和，输出结果单独占一行，后再跟一个空行。

样例输入：
```
1 5
10 20
```

样例输出：
```
6

30

```

分析：这种格式的特点是，一组输入对应一组输出，每组输出之后都有空行。因此在输出结果之后再多加一个换行即可。

参考程序：
```c
#include <stdio.h>
int main( )
{
    int a,b;
    while(1)
    {
        if (scanf("%d%d",&a,&b)==EOF)
            break;
        printf("%d\n\n",a+b);              //多加一个换行
    }
    return(0);
}
```

3．A+B(Ⅷ)

问题描述：计算一些整数的和。

输入：输入数据的第一行是正整数 N，后跟 N 行数据。每行数据由整数 M 开始，后跟 M 个整数。

输出：对于每组输入数据，计算它们的和并输出，输出结果单独占一行。两组输出结果之间由空行分隔。

样例输入：
```
3
4 1 2 3 4
5 1 2 3 4 5
3 1 2 3
```

样例输出：
```
10

15

6
```

分析：这种格式的特点是，两组输出结果之间有一个空行。因此，在输出结果时，单独处理第一组输出结果，即第一组输出结果之前没有空行，其他每组输出结果之前均有一个空行。或者单独

处理最后一组输出结果，即最后一组输出结果之后没有空行，其他每组输出结果之后均有一个空行。

参考程序：

```c
#include <stdio.h>
int main( )
{
    int N,n,i,j,a,sum;
    scanf("%d",&N);
    for (i=1;i<=N;i++)                 //或 while (N--)
    {
        scanf("%d",&n);
        sum=0;
        for (j=1;j<=n;j++)
        {
            scanf("%d",&a);
            sum+=a;
        }
        if (i==1)                      //第一组输出之前没有空行
            printf("%d\n",sum);
        else                           //其他每组输出之前均有空行
            printf("\n%d\n",sum);
    }
    return(0);
}
```

总之，ACM 竞赛题目的输入输出格式形式多样，需要多加练习才能熟练掌握。

第 3 部分　知识要点与习题

　　学习 C 语言要抓住每一章的知识要点，这些知识要点是计算机等级考试、期末考试及其他各种考试的常考点。掌握了各章的知识要点，即可把握住 C 语言的脉络。

　　习题是对所学知识的检验，读者应注意自主练习和编程。程序设计算法不是唯一的，书中给出的算法分析只是参考。要通过编写程序、调试和运行程序、分析结果等来掌握相关知识，并学会运用这些知识去解决实际问题——能够自己编程解决实际问题才是学习程序设计的最终目的！

第 1 章　C 语言程序基础

通过本章的学习，掌握 C 语言程序的基本结构和基本语法成分，熟练掌握 C 语言的基本数据类型，了解 C 语言中的其他数据类型，掌握运算符和表达式的使用，掌握 C 语言程序的开发步骤及顺序结构程序设计方法，掌握输入/输出函数的使用，掌握宏定义的使用方法，理解算法的基本概念和表示方法。

1.1　知 识 要 点

1．C 语言程序的基本结构

C 语言程序的结构：

```
#include …              // 预处理命令
#define …
int main( )             // 主函数
{
    声明部分              // 定义本函数中用到的变量
    执行部分              // 完成本函数功能的若干语句
    return 0;
}
其他函数
{
    声明部分
    执行部分
}
```

（1）关于 C 语言程序的说明

① 一个 C 语言程序由一个或多个函数构成。一个 C 语言程序中应至少包含一个函数——main 函数。函数是 C 语言的基本单位，因此 C 语言被称为函数式语言。

② 一个 C 语言程序总是从 main 函数开始执行，而不论 main 函数在整个程序中的位置如何。一般说来，又随着 main 函数的结束而结束整个程序。

③ 被调用的函数可以是系统提供的库函数，如 printf、scanf，也可以是用户根据需要自己编写的函数，如求两个数中最大数的 max 函数。

④ C 语言本身没有输入和输出语句，输入和输出操作由库函数 scanf 和 printf 等函数完成，C 语言对输入和输出实行函数化。

⑤ 每个语句和数据定义的最后必须有一个分号，分号是 C 语言语句的必要组成部分。

（2）关于函数的说明

一个函数由以下两部分构成：

① 函数首部，即函数的第一行。包括函数类型、函数名、函数参数名及参数类型。注意，一个函数名后面必须跟 "( )" 作为函数的标志，函数首部后面不能加分号。

② 函数体，即函数首部下面 "{ }" 内的部分，函数体内一般又分为两部分：

● 变量定义（声明）部分：定义在本函数中用到的变量。

● 执行部分：由若干语句组成，完成函数所要实现的功能。

C 语言要求所有变量的定义必须放在所有的语句之前。

（3）关于格式的说明

① C 语言程序的书写格式自由，一个语句可以写在多行上，一行内也可以写多个语句，但是每个语句都必须用";"作为结束标志。

② 可以用"/*…*/"或"//"对 C 语言程序的任何部分做注释。其中，"/*…*/"在 Visual C++ 6.0 等各种编译器中均可使用，而"//"不能在 Turbo C 2.0 中使用。

③ 为了清晰地表现出程序的结构，建议采用缩进格式。

2．C 语言程序的基本语法成分

（1）C 语言字符集

字符是 C 语言最基本的元素，C 语言字符集由字母、数字、空白、标点符号和特殊字符组成（在字符串常量和注释中还可以使用汉字和其他图形符号）。

（2）标识符

① 标识符只能由字母、数字和下划线 3 种字符组成，且第一个字符必须为字母或下划线。

② 大小写敏感，即 C 语言认为同一字母的大、小写是不同的字符。

③ ANSI C 没有限制标识符长度，但各个编译系统都有自己的规定和限制（一般不多于 32 个字符）。

④ 标识符不能与"关键字"同名，也不要与系统预先定义的"标准标识符"同名，如 main、printf 等。

（3）关键字

关键字是 C 语言预先定义的、具有特定意义的标识符，也称为保留字。C 语言包含 32 个关键字，全部为小写。

（4）运算符

运算符是用于描述某种运算功能的符号，如+、−、*、/、%等，运算符可以由一个或多个字符组成。由运算符将常量、变量和函数调用连接起来的式子称为表达式。根据参与运算的操作数个数，运算符分为：单目（一元）运算符、双目（二元）运算符和三目（三元）运算符。

（5）分隔符

常用的分隔符号有空格、逗号、回车/换行等。

（6）其他符号

花括号"{"和"}"通常用于标识函数体或一个语句块（称为复合语句）。"/*"和"*/"构成一组注释符。Visual C++ 6.0 等各种流行编译器中还可以使用"//"注释，表示从"//"开始到本行末尾的内容是注释。

3．C 语言数据类型

C 语言的数据类型有 4 类：基本类型、构造类型、指针类型、空类型。

① 基本类型分为整型、实型、字符型（char）和枚举型（enum）。整型又分为短整型（short int）、整型（int）和长整型（long int），每种类型又分为有符号类型（signed）和无符号类型（unsigned），默认为 signed 类型。实型又称为浮点型，分为单精度型（float）和双精度型（double）两种。字符型分为 signed char 和 unsigned char，默认为 signed 类型，表示范围为−128～+127。每种类型的变量在内存中占有不同的字节数。

② 构造类型又分为：数组类型、结构体类型（struct）、共用体类型（union）和文件类型（FILE）。

③ 指针类型

指针是一种特殊的数据类型，即内存单元地址。一个变量的地址称为该变量的指针。指针变量就是专门用来存放其他变量地址的变量。

④ 空类型（void）

即"无类型"。常用于定义函数的返回值（表示函数无返回值）、参数类型（表示函数无参数），以及指针类型的声明。

C 语言中的数据有常量与变量之分，它们分别属于上述不同的类型。在程序执行过程中，常量的值是固定的，不能改变；变量的值是存储在一个由变量名标识的内存单元中的，其值可由程序改变，因此每个变量都有一个名字。

4．C 语言的表达式和语句

① 赋值语句：由赋值表达式加一个分号构成，如 sum=a+b。

② 函数调用语句：由函数调用表达式加一个分号构成，如 printf("This is a C statement!\n");。

③ 空语句：即只有一个分号的语句，不完成任何功能，只表示这是一个语句，有时用作循环语句的循环体（在循环语句不需要完成任何功能时）。

④ 复合语句：由花括号将多条语句组合在一起而构成，常用于需要同时执行多条语句时，它在语法上相当于一条语句。

5．C 程序运行过程

（1）基本概念

① 源程序：用高级语言或汇编语言编写的程序，以 ASCII 码形式存储。C 语言源程序的扩展名为".C"（C++源程序为.CPP）。

② 目标程序：源程序经过编译所得到的二进制代码。目标程序的扩展名为".OBJ"。

③ 可执行程序：目标程序与库函数连接，形成完整的可在操作系统下独立执行的程序。可执行程序的扩展名为".EXE"。

（2）C 语言程序的开发步骤

① 编辑：将源程序输入计算机并保存为磁盘文件（扩展名为.C 或.CPP）。

② 编译：对源程序进行语法检查，并将无语法错误的源程序翻译成二进制代码形式的目标程序（扩展名为.OBJ）。

③ 连接：将各模块的二进制目标代码与系统标准模块连接，得到一个可执行文件（扩展名为.EXE）。

④ 执行：执行经过编译和连接的可执行文件。

6．编写简单的 C 语言程序

程序设计时，通常采用 3 种不同的控制结构，即顺序结构、选择结构和循环结构。其中，顺序结构是最基本、最简单的程序结构，它在函数中按照从上到下、从左到右的书写顺序依次执行各语句。

7．数据的输入与输出

（1）printf 函数

printf 函数的一般形式为：

    printf("格式控制"，输出表列);

其功能是，按照格式控制部分指定的格式，将输出表列的数据在标准输出设备上输出。

（2）scanf 函数

scanf 函数的一般形式为：

scanf("格式控制", 地址表列);

其功能是，按照格式控制部分的要求，把从终端输入的数据按指定的格式送到地址表列指定的内存单元中。

8．C 语言中的宏定义

（1）不带参数的宏定义

#define 标识符 字符串

（2）带参数的宏定义

#define 宏名(形参表) 字符串

注意： 宏替换是用一个宏名来表示一个字符串，在宏展开时又简单地以该字符串取代宏名，因此字符串中可以有任何字符，但一般不包括空格。

9．算法

算法是一系列解决问题的指令。算法可以理解为由基本运算及规定的运算顺序所构成的完整解题步骤。

算法有 5 个特性：有穷性、确定性、有 0 个或多个输入、有 1 个或多个输出、有效性。

描述算法有很多种方法，最常见的是流程图、N-S 图和伪代码表示等。

10．C 语言的特点

C 语言是目前世界上最为流行、使用最为广泛的高级程序设计语言之一，其书写形式自由，运算符丰富，程序设计灵活且具有良好的可移植性。它既具有高级语言的特点，又具有低级语言的特点。因此，它的应用范围非常广泛，除了用于开发应用软件外，在系统软件的开发中应用也非常普遍。

1.2 习　　题

一、选择题

1．以下关于 C 语言程序的说法中错误的是（　　）。

　　A）必须有且只能有一个主函数　　　　　　B）可以有任意多个不同名的函数

　　C）必须用 main 作为主函数名　　　　　　　D）主函数必须放在其他函数之前

2．以下叙述中正确的是（　　）。

　　A）C 语言程序的基本组成单位是语句

　　B）C 语言程序中的每一行只能写一条语句

　　C）一个语句必须以分号结束

　　D）一个语句必须在一行内写完

3．以下选项中，不合法的 C 语言程序函数体是（　　）。

　　A）{;}　　　　　　　　　　　　　　　　　B）{}

　　C）{prinf("Computer");}　　　　　　　　　D）{int a=1;

4．按照 C 语言规定的用户标识符命名规则，不能出现在标识符中的是（　　）。

　　A）大写字母　　　B）数字字符　　　　C）-　　　　　　　D）_

5．C 语言提供的合法的数据类型关键字是（　　）。

　　A）Double　　　B）short　　　　　　C）integer　　　　D）Char

6. 下列数据中，不合法的 C 语言实型数据是（　　　）。

  A）0.123   B）123e3   C）2.1e3.5   D）789.0

7. 以下变量定义及初始化语句中正确的是（　　　）。

  A）int a=b=0;   B）char A=65+1,b='b';

  C）float a=1,c=&a;   D）double a=0.0; b=1.1;

8. C 语言源程序中不能表示的数制是（　　　）。

  A）二进制   B）八进制

  C）十进制   D）十六进制

9. 有如下程序，其中%u 表示按无符号整数输出。

```
#include <stdio.h>
int main( )
{
    unsigned int x=0xFFFF;          // x 的初值为十六进制数
    printf("%u\n",x);
    return 0;
}
```

程序运行后的输出结果是（　　　）。

  A）–1   B）65535   C）32767   D）0xFFFF

10. 若已定义 x 和 y 为 double 类型，则表达式"x=1,y=x+3/2"的值是（　　　）。

  A）1   B）2   C）2.0   D）2.5

11. 若变量 a 是 int 类型，执行语句"a='A'+1.6;"，则正确的叙述是（　　　）。

  A）a 的值是字符'C'   B）a 的值是浮点型

  C）不允许字符型和浮点型相加   D）a 的值是字符'A'的 ASCII 值加上 1

12. 设 x 和 y 均为 int 型变量，则语句序列"x+=y; y=x-y; x-=y;"的功能是（　　　）。

  A）把 x、y 按从小到大排序   B）把 x、y 按从大到小排序

  C）无确定结果   D）交换 x、y 的值

13. C 语言源程序经编译后生成的目标文件扩展名为（　　　）。

  A）.c   B）.obj   C）.exe   D）.h

14. 要把高级语言编写的源程序转换为目标程序，需要使用（　　　）。

  A）编辑程序   B）驱动程序   C）诊断程序   D）编译程序

15. 以下非法的赋值语句是（　　　）。

  A）n=(i=2,++i);   B）j++;   C）++(i+1);   D）x=j>0;

16. 若有以下程序：

```
#include <stdio.h>
int main( )
{
    int k=2,i=2,m;
    m=(k+=i*=k);
    printf("%d,%d\n",m,i);
    return 0;
}
```

执行后的输出结果是（　　　）。

  A）8,6   B）8,3   C）6,4   D）7,4

17. 若有以下程序段：

```
#define PT 3
#define S(x) PT*x*x
int a=1,b=2;
printf("%d\n",S(a+b));
```

执行后的输出结果是（　　　）。

　　A）0　　　　　　　　B）27　　　　　　　　C）7　　　　　　　　D）程序有错

二、填空题

1．在函数体中，_____用于定义本函数所使用的变量，它必须放在所有语句之前。

2．C 语言程序中的预处理命令必须以_____符号开头。

3．定义标识符时，第 1 个字符可以是_____或_____。

4．_____是 C 语言预先定义的、具有特定意义的标识符，它不能被重新定义。

5．计算下列表达式的值：

　　5/3=_____　　　5%3=_____　　　1/4=_____　　　1.0/4=_____。

6．算术运算符+、−、*、/和%的结合性是_____。

7．C 语言中规定，整型常量可以用十进制、八进制和_____进制形式来表示。

8．若有语句"int i=−19,j=i%4;"，则 j 的值为_____。

9．设 a、b、c 为 int 型变量，且"a=2,b=3,c=4"，执行语句"a*=16+(b++)−(++c);"后，a 的值是_____。

10．设有以下变量定义，并已赋确定的值。

　　　　char w; int x; float y; double z;

则表达式"w*x+z−y"所求得的数据类型为_____。

11．宏定义是用宏名来表示一个_____。

12．算法的特性中，_____是指算法中的每一个步骤都不应当产生歧义，其含义应当是确定的。

13．常见的算法表示方法有_____、_____和_____。

14．循环结构包括_____循环和_____循环。

三、程序填空题

1．若有定义"int x=99,y=9;"，请将以下输出语句补充完整，使其输出的计算结果形式为：x/y=11。

　　　　printf("_____", x/y);

2．若有说明语句"int a=1,b=3;"，为了能使下面的语句输出"0.333333%"，请填空。

　　　　printf("_____",_____);

3．执行语句"printf("%5.3f\n",123456.12345);"的输出结果为_____。

4．执行以下程序：

```
#include <stdio.h>
int main( )
{
    int i=3,j=4;
    printf("%d,%d,",i++,j++);
    printf("%d,%d\n",++i,++j);
    return 0;
}
```

运行结果：_____。

5．用 scanf 函数输入数据，使 a=3，b=7，x=8.5，y=71.82，c1='A'，c2='a'，应如何输入？

```
#include <stdio.h>
int main( )
{
    int a,b;
    float x,y;
```

```
            char c1c2;
            scanf("a=%d b=%d",&a,&b);
            scanf("x=%f y=%e",&x,&y);
            scanf("c1=%c c2=%c",&c1,&c2);
            return 0;
        }
```

四、编程题

1. 从键盘输入 3 个数，计算并输出这 3 个数之和。分别用以下两种方法实现：

① 只用 main 函数；

② 编写一个函数 sum 来对这 3 个数求和，由 main 函数调用该函数。

2. 调用库函数，计算并输出下面表达式的值。

$$\cos 50° + \tan 78° + \lg 35 + \ln 8.56 + e^{2.63}$$

3. 编写程序，输入一个正整数 n，计算并输出下式的值。

$$\frac{(2n-1)(2n+1)}{(2n)^2}$$

4. 编写程序，计算存款利息，从键盘输入存款金额（如 10000 元）和存款年利率（如 2.85%），计算一年后本金和利息合计为多少钱。

5. 编写程序，使用带参数的宏定义，计算两个整数相除的余数。

6. 分析下面程序段的运行结果并上机验证。

```
            float x=6.86;
            int a=12;
            char ch='a';
            printf("x=%3.2f\n", x);
            printf("x=%8.4f\n", x);
            printf("x=%.1f\n", x);
            printf("y=%3d\n", a);
            printf("y=%ld\n", a);
            printf("y=%3c\n", ch);
            printf("y=%4s\n", "University");
            printf("y=%7.4s\n", "University");
```

1.3　习题参考解答

一、选择题

1. D	2. C	3. D	4. C	5. B
6. C	7. B	8. A	9. B	10. C
11. D	12. D	13. B	14. D	15. C
16. C	17. C			

二、填空题

1. 声明部分

2. #

3. 字母、下划线（可以交换顺序）

4. 关键字　或　保留字

5. 1、2、0、0.25

6．从左至右 或 左结合性

7．十六

8．−3

9．28

10．double

11．字符串

12．确定性

13．流程图、N-S 图、伪代码（可以交换顺序）

14．当型、直到型（可以交换顺序）

三、程序填空题

1．x/y=%d

2．%f%%、1.0*a/b 或 (float)a/b 或 a/(float)b

3．123456.123

4．3,4,5,6

5．a=3 b=7 x=8.5 y=71.82 c1=A c2=a

四、编程题

1．分析：

本题主要考查数据类型、输入输出函数及自定义函数的使用。

① 由于题目没有明确说是整数，因此把变量定义为实型较好。在对精度没有特别要求的情况下，一般定义为 float 型变量即可。编程实现时，先使用输入函数 scanf 输入 3 个数，然后计算这 3 个数之和，最后输出结果。需要注意的是，如果把变量定义为 double 型，则 scanf 函数中的格式控制符应该使用%lf。

② 本题是想让大家模仿教材的例子编写一个自定义函数，来计算并返回 3 个数之和。需要注意的是，数据的输入应在主函数中完成，然后调用自定义函数来计算这 3 个数之和，通过参数把这 3 个数传到自定义函数中，计算完毕后用 return 语句返回结果，最后在主函数中输出。

编写程序时，注意整个程序中变量的类型应该一致，scanf 函数的地址表列中不要忘记取地址符"&"。scanf 函数和 printf 函数的格式列表与后面的输入地址表列或输出表列存在"3 个一致"关系：顺序一致、类型一致、个数一致。

2．分析：

本题主要考查数学类库函数的使用。本题可以不定义变量，在 printf 函数的输出表列中直接计算并输出。若定义变量存放计算结果，应定义为实型，最好是 double 类型，因为 double 类型的精度高。

在使用数学函数时，注意各函数的格式和用法，如三角函数参数的单位为弧度，因此还需要把角度转换为弧度才能进行计算，有关函数的用法可参考教材附录 A。另外，不要忘记在程序开头加下面的文件包含命令：

```
#include <math.h>
```

3．分析：

本题主要考查如何把数学公式转换为 C 语言表达式。在把数学公式转换为 C 语言表达式时，不要漏写乘号，如 $2n$ 应该写成 2*n。还要注意两个整数相除表示整除等。

在定义变量时，根据题意，n 应该定义为整型，存放表达式结果的变量应定义为实型，float 型或 double 型均可，但要注意 double 型数据在输入时格式控制符应使用%lf。

4. 分析：

本题主要考查数据类型、存款利率的计算方法、输入/输出函数的使用。

题中的变量应定义为实型（最好为 double 型）。编程实现时，先使用 scanf 函数输入存款金额，根据公式"本息合计=本金*(1+利率)"计算得到一年后的本息合计，再用 printf 函数输出结果。注意输入/输出函数的格式。

5. 分析：

本题主要考查带参数宏定义的使用。

可以定义一个带参数的宏体来代替带参数的宏名，预处理时先用宏体替换宏名，同时用实参表中的实参替换表达式中的形参。注意整个宏体和每个形参最好都用括号括起来，宏体末尾也不要加分号。

6. 分析：

本题主要考查输出函数的使用。

在 printf 函数中，%f 用于输出 float 型或 double 型实数，%d 用于输出带符号十进制整数，%s 用于输出字符串，%c 用于输出单个字符。%和格式字符间的数字 m 和 n 中，m 为域宽，n 为保留的小数位数或字符数（n 只能用于输出实数或字符串）。若域宽大于数据的实际宽度，则补空格，否则按数据的实际宽度进行输出。%f 格式中，n 代表保留的小数位数，默认小数点后输出 6 位。若 n 设置后比实际位数多，则最后补 0；若设置后比实际位数少，则对下一位四舍五入。%s 格式中，n 代表保留的字符数，若 n 小于实际字符数，则截取前 n 个字符输出。

第2章　程序基本结构

通过本章的学习，熟练掌握各种分支语句的使用，包括 if 语句的各种形式和 switch 语句。熟练掌握关系运算和逻辑运算，学会各种形式数学表达式的 C 语言表示。掌握 3 种形式的循环语句，即 while 语句、do-while 语句和 for 语句，注意它们的不同，并掌握循环嵌套的应用。通过阅读、调试大量的程序实例，学会程序设计的方法与技巧。理解指针的含义，并掌握指针变量的定义和使用方法。

2.1　知　识　要　点

1. 分支结构

（1）单分支结构

单分支结构的形式为：

```
if(表达式)
    语句;
```

其中，"表达式"是判断条件，只要表达式的值为真（非 0），就认为条件成立，执行下面的语句。"语句"可以是单语句，也可以是复合语句。

（2）双分支结构

C 语言提供了双分支结构，形式如下：

```
if(表达式)
    语句1;
else
    语句2;
```

如果"表达式"的值为真（非 0），执行"语句 1"，否则执行语句 2。同样，"语句 1"和"语句 2"既可以是单语句，也可以是复合语句。

（3）多分支结构

多分支结构的形式为：

```
if(表达式1)
    语句1;
else if(表达式2)
    语句2;
else if(表达式3)
    语句3;
        ⋮
else if(表达式n)
    语句n;
else
    语句n+1;
```

其功能为，按顺序求解各表达式的值。如果某一表达式的值为真（非 0），那么执行其后相应的语句，执行完后整个 if 语句结束，其余语句则不被执行；如果没有一个表达式的值为真，那么执行最后的 else 语句。

（4）if 语句的嵌套

if 语句嵌套的一般形式为：

```
if (表达式 1)
    if (表达式 2)  语句 1;
    else  语句 2;
else
    if (表达式 3)  语句 3;
    else  语句 4;
```

对于嵌套结构，应当注意 else 与 if 的配对关系。C 语言规定 else 总是与它前面最近的、且没有与其他 else 配对的 if 进行配对。

（5）条件运算符

条件运算符 "?:" 是 if 语句的缩写形式。条件表达式的一般形式为：

表达式 1?表达式 2:表达式 3

其功能是，先计算 "表达式 1" 的值，若为真（非 0）则取 "表达式 2" 的值为整个条件表达式的值；若 "表达式 1" 的值为假（0），则取 "表达式 3" 的值为整个条件表达式的值。

（6）switch 语句

C 语言提供了另外一种多分支语句：switch 语句。

switch 语句的形式为：

```
switch(表达式)
{
    case 常量表达式 1: 语句组 1; [break;]
    case 常量表达式 2: 语句组 2; [break;]
        ……
    case 常量表达式 n: 语句组 n; [break;]
    [default: 语句组 n+1;]
}
```

switch 语句的执行过程为，计算表达式的值，测试该值是否与某个 case 后的常量表达式的值相同：

① 若有相同者，流程转向其后的语句组执行。该语句组的最后如果没有 break，则继续执行下一个常量表达式后面的语句，直到遇到 break 或 switch 语句结束。

② 若没有相同的常量表达式，再看有没有 default 部分。若有 default，则执行其后面的语句；若无 default，则 switch 语句什么也不做，流程转向其后继语句。

2．关系运算和逻辑运算

（1）关系运算符和关系表达式

C 语言提供如下 6 个关系运算符：

<　　<=　　>　　>=　　==　　!=

关系运算符的特点：

① 关系运算符都是双目运算符，具有左结合性。

② 关系运算符的优先级比算术运算符都低，但都比赋值运算符高。

关系表达式的值只能是 1 或 0（逻辑值）。当表达式成立即为 "真" 时，表达式的值为整数 1；为 "假" 时，则值为整数 0。因此，关系表达式可看作整型表达式。

（2）逻辑运算

C 语言提供了 3 种逻辑运算符：

&&　　||　　!

在一个逻辑表达式中，如果包含多个逻辑运算符，则按照以下优先顺序：

① ！（非）→&&（与）→||（或）。"!"的优先级为三者中最高。

② 逻辑运算符中的"&&"和"||"的优先级低于关系运算符，"!"高于算术运算符。

逻辑表达式的值以数值 1 代表"真"，以数值 0 代表"假"，但参加运算的运算量可以是任何数值，进行判断时，非零值代表"真"，零值代表"假"。

注意：在逻辑表达式的求解过程中，并不是所有逻辑运算符都被执行，只是在必须执行下一个逻辑运算符才能求出表达式的值时，才执行该运算符。例如，在执行逻辑与操作时，若左端表达式的值为 0，则不必再计算右端，表达式值为 0，即 0&&a=0。同样，在执行逻辑或操作时，若左端表达式的值为 1，则不必再计算右端，表达式值为 1，即 1||a=1。

3．循环结构

（1）当型循环 while

while 循环的一般形式为：

```
while (表达式)
    语句;
```

其中，"表达式"称为循环条件，"语句"称为循环体。

while 语句的执行过程如下：

① 计算 while 后面表达式的值，如果其值为"真"（非 0）则执行循环体。

② 执行完循环体后，再次计算 while 后面表达式的值，如果其值为"真"则继续执行循环体，直到表达式的值为"假"（0），退出循环。

（2）直到型循环 do-while

do-while 语句的一般形式为：

```
do
{
    语句;
}while(表达式);
```

do-while 语句的执行过程如下：

① 执行 do 后面的循环体语句。

② 计算 while 后面表达式的值，如果其值为"真"（非 0），则继续执行循环体，如果表达式的值为"假"（0），退出循环。

在使用 while 语句和 do-while 语句时，注意：

① 在循环语句之前需要给某些变量赋值，以在循环中使用。

② 循环体中应有使循环趋于结束的语句。

③ 循环体部分为多个语句时，必须用大括号括起来构成复合语句。

while 语句用于需要先判断表达式、后执行循环体的情况，即表达式第一次就可能不成立，此时循环体一次也不执行。do-while 语句用于需要先执行循环体、后判断表达式的情况，即执行完一次循环体再判断表达式。

（3）当型循环 for

for 语句的一般形式为：

```
for (表达式 1;表达式 2;表达式 3)
    循环体;
```

for 语句的执行过程如下：

① 求解"表达式 1"（给循环控制变量赋初值）。

② 求解"表达式 2"，若值为真（非 0），执行循环体；若值为假（0），结束循环。

③ 求解"表达式 3"（改变表达式 2 中某个变量的值，以使循环逐渐趋于结束）。

④ 返回②。

for 语句中的"表达式 1"、"表达式 2"、"表达式 3"均可以省略，但相应的功能应该实现，具体实现方法请参照主教材。

（4）循环嵌套

一个循环体内又包含另一个完整的循环结构，称为循环嵌套。内层的循环中还可以嵌套循环，构成多重循环。

C 语言中的 3 种循环（while、do-while、for）可以相互嵌套，但在设计循环嵌套时要注意，应该"在一个循环体内包含另一个完整的循环结构"——不论嵌套次数多少，都要遵守这个原则。

4．break 语句和 continue 语句

（1）break 语句

break 语句的形式为：

　　break;

break 语句的功能是，终止所在的 switch 语句或循环语句的执行，而转到其后的语句处执行。

注意：当 switch 语句或循环语句多层嵌套时，break 只能跳出最近的 switch 语句或循环语句。

（2）continue 语句

continue 语句的形式是：

　　continue;

continue 语句的功能是，结束本次循环，即跳过本层循环体中余下尚未执行的语句，接着再一次进行循环条件的判定。

5．指针程序设计

（1）指针

一个变量占有内存单元，具有相应的地址，通过地址能找到所需的变量——可以说，地址指向该变量。因此，把一个变量的地址称为该变量的指针。

可以定义一种变量，专门用来存放其他变量的地址（指针），这种变量称为指针变量。

因此，变量的指针就是变量在内存单元中的地址。指针变量就是存放变量地址的变量。

指针变量定义的形式：

　　基类型 *指针变量名[=初始值];

指针变量名前的"*"表示该变量是一个指针变量，以示与普通变量的区别。基类型可以是 C 语言中的任何一种数据类型，它表示指针变量所指向的变量的类型。

（2）指针变量的使用

① 指针变量的赋值

可以通过地址运算符"&"得到某个变量的地址，将该地址对指针变量进行初始化或赋值，也可用其他指针变量的值进行赋值，还可以给一个指针变量赋空值（NULL）。

② 指针运算符

指针运算符"*"是单目运算符，运算对象只能是指针变量或地址，用于存取所指向的变量的值。

2.2 习　　题

一、选择题

1. 阅读以下程序：

```
#include <stdio.h>
int main( )
{
    int x;
    scanf("%d",&x);
    if (x--<5)
        printf("%d\n",x);
    else
        printf("%d\n",++x);
    return 0;
}
```

程序运行后，如果从键盘上输入 5，则输出结果是（　　　）。

A）3　　　　　　　　　B）4　　　　　　　　　C）5　　　　　　　　　D）6

2. 下面的程序（　　　）。

```
#include <stdio.h>
int main( )
{
    int x=3,y=0,z=0;
    if (x=y+z)
        printf("****");
    else
        printf("####");
    return 0;
}
```

A）有语法错误不能通过编译

B）输出 ****

C）可以通过编译，但是不能通过连接，因而不能运行

D）输出 ####

3. 有以下程序段：

```
int a=3,b=5,c=7;
if (a>b)
    a=b;
    c=a;
if (c!=a)
    c=b;
printf("%d,%d,%d\n",a,b,c);
```

运行后的输出结果是（　　　）。

A）3,5,5　　　　　　　B）3,5,3　　　　　　　C）3,5,7　　　　　　　D）有语法错误

4. 有以下程序：

```
#include <stdio.h>
int main( )
{
    int i=1,j=1,k=2;
    if ((j++||k++)&&i++)
        printf("%d,%d,%d\n",i,j,k);
```

```
        return 0;
    }
```
运行后的输出结果是（　　　）。

　　A）1,1,2　　　　　　　B）2,2,1　　　　　　　C）2,2,2　　　　　　　D）2,2,3

5．若有定义"int a=1,b=2,c=3,x;"，则以下选项中各程序段执行后，x 的值不为 3 的是
（　　　）。

　　A）　if (c<a)
　　　　　　x=1;
　　　　　else if (b<a)
　　　　　　x=2;
　　　　　else
　　　　　　x=3;

　　B）　if (a<3)
　　　　　　x=3;
　　　　　else if (a<2)
　　　　　　x=2;
　　　　　else
　　　　　　x=1;

　　C）　if (a<3)
　　　　　　x=3;
　　　　　if (a<2)
　　　　　　x=2;
　　　　　if (a<1)
　　　　　　x=1;

　　D）　if (a<b)
　　　　　　x=b;
　　　　　if (b<c)
　　　　　　x=c;
　　　　　if (c<a)
　　　　　　x=a;

6．若有以下代数式（其中 e 仅代表自然对数的底数，不是变量），则能够正确表示下面代数式的 C 语言表达式是（　　　）。

$$\sqrt{\left| n^x + e^x \right|}$$

　　A）sqrt(abs(n^x+e^x))

　　B）sqrt(fabs(pow(n,x)+pow(e,x)))

　　C）sqrt(fabs(pow(n,x)+exp(x)))

　　D）sqrt(fabs(pow(x,n)+exp(x)))

7．已知字符'A'的 ASCII 码值为 65，若变量 kk 为 char 型，当 kk 是大写字母时，下列表达式值为假的表达式是（　　　）。

　　A）kk>='A'&&kk<='Z'　　　　　　　　　　B）'Z'>=kk>='A'

　　C）(kk+32)>='a'&&(kk+32)<='z'　　　　　D）isalpha(kk)&&(kk<91)

8．假定 w、x、y、z、m 均为 int 型变量，有如下程序段：
```
    w=1; x=2; y=3; z=4;
    m=(w<x)?w:x;
    m=(m<y)?m:y;
    m=(m<z)?m:z;
```
则该程序段运行后，m 的值为（　　　）。

　　A）4　　　　　　　　　B）3　　　　　　　　　C）2　　　　　　　　　D）1

9．有以下程序：
```
    #include <stdio.h>
    int main( )
    {
        int a=15,b=21,m=0;
        switch(a%3)
        {
            case 0: m++; break;
            case 1: m++;
                    switch(b%2)
                    {
                        default: m++;
                        case 0: m++; break;
```

```
            }
        }
        printf("%d\n",m);
        return 0;
    }
```

程序运行后的输出结果是（　　）。

　　A）1　　　　　　　　B）2　　　　　　　　C）3　　　　　　　　D）4

10．C 语言中，关于循环语句的说法正确的是（　　）。

　　A）while 语句和 do-while 语句不能相互转换

　　B）do-while 语句中不能用 break 语句终止循环

　　C）do-while 语句构成的循环，当 while 后面表达式值为非零时结束循环

　　D）while 语句构成的循环，当 while 后面表达式值为零时结束循环

11．有以下程序段：

```
    int k=0;
    while (k=1)
        k++;
```

while 循环执行的次数（　　）。

　　A）无限次　　　　　　　　　　　　　　B）有语法错误，不能执行

　　C）1 次也不执行　　　　　　　　　　　D）执行 1 次

12．有以下程序：

```
    #include <stdio.h>
    int main( )
    {
        int s=0,a=1,n;
        scanf("%d",&n);
        do
        {
            s+=1;
            a=a−2;
        }while(a!=n);
        printf("%d\n",s);
        return 0;
    }
```

若要使程序的输出值为 2，则应该从键盘输入的 n 值是（　　）。

　　A）−1　　　　　　　B）−3　　　　　　　C）−5　　　　　　　D）0

13．语句"for (j=0;j<10;j++);"执行结束后，j 的值是（　　）。

　　A）12　　　　　　　B）11　　　　　　　C）10　　　　　　　D）9

14．有以下程序：

```
    #include <stdio.h>
    int main( )
    {
        int k=4,n=0;
        for ( ; n<k; )
        {
            n++;
            if (n%3!=0)
                continue;
            k−−;
        }
        printf("%d,%d\n",k,n);
        return 0;
```

```
    }
```
程序运行后的输出结果是（   ）。

    A）1,1   B）2,2   C）3,3   D）4,4

15. 以下程序的输出结果是（   ）。

```
#include <stdio.h>
int main( )
{
    int i;
    for (i=1;i<=5;i++)
    {
        if (i%2)
            printf("*");
        else
            continue;
        printf("#");
    }
    printf("$\n");
    return 0;
}
```
    A）*#*#*#$ B）#*#*#*$ C）*#*#$ D）#*#*$

16. 有以下程序：

```
#include <stdio.h>
int main( )
{
    int x=8;
    for ( ;x>0;x--)
    {
        if (x%3)
        {
            printf("%d,",x--);
            continue;
        }
        printf("%d,",--x);
    }
    return 0;
}
```
程序的运行结果是（   ）。

    A）7,4,2,   B）8,7,5,2,   C）9,7,6,4,   D）8,5,4,2,

17. 有下列程序：

```
#include <stdio.h>
int main( )
{
    int i,j;
    for (i=1;i<4;i++)
    {
        for (j=i;j<4;j++)
            printf("%d*%d=%d ",i,j,i*j);
        printf("\n");
    }
    return 0;
```

```
        }
```

程序运行后的输出结果是（　　　）。

A）　1*1=1　　1*2=2　　1*3=3　　　　　　　B）　1*1=1　　1*2=2　　1*3=3

　　　 2*1=2　　2*2=4　　　　　　　　　　　　　 2*2=4　　2*3=6

　　　 3*1=3　　　　　　　　　　　　　　　　　　 3*3=9

C）　1*1=1　　　　　　　　　　　　　　　D）　1*1=1

　　　 1*2=2　　2*2=4　　　　　　　　　　　　　 2*1=2　　2*2=4

　　　 1*3=3　　2*3=6　　3*3=9　　　　　　　　 3*1=3　　3*2=6　　3*3=9

18. 若有说明"int i,j=7,*p=&i;"，则与语句"i=j;"等价的是（　　　）。

A）i=*p;　　　　　　B）*p=*&j;　　　　　　C）i=&j;　　　　　　D）i=**p;

19. 若 x 是 int 型变量，pb 是基类型为 int 型的指针变量，则正确的赋值表达式是（　　　）。

A）pb=&x;　　　　　B）pb=x;　　　　　　C）*pb=&x;　　　　　D）*pb=*x;

20. 有下列程序：

```
#include <stdio.h>
int main( )
{
    int a=1,b=3,c=5;
    int *p1=&a,*p2=&b,*p=&c;
    *p=*p1*(*p2);
    printf("%d\n",*p);
    return 0;
}
```

执行后的输出结果是（　　　）。

A）1　　　　　　　　B）2　　　　　　　　C）3　　　　　　　　D）4

21. 有以下程序：

```
#include <stdio.h>
int main( )
{
    int n,*p=NULL;
    *p=&n;
    printf("input n:");
    scanf("%d",&p);
    printf("output n:");
    printf("%d\n",p);
    return 0;
}
```

该程序试图通过指针 p 为变量 n 读入数据并输出，但程序有多处错误，以下没有错误的语句的是（　　　）。

A）int n,*p=NULL;　　　　　　　　　　B）*p=&n;

C）scanf("%d",&p);　　　　　　　　　　D）printf("%d\n",p);

二、填空题

1. 若 a=3，b=3，则表达式"a!=b"的值为＿＿＿＿＿＿＿＿。

2. 在运算符"%、>、=、||"中，优先级最高的是＿＿＿＿＿＿＿＿。

3. 能描述"字符 ch 是数字字符"的 C 语言表达式是＿＿＿＿＿＿＿＿。

4. 若 int 型变量 m 中是不少于两位数的正整数，能得到其十位数的表达式为＿＿＿＿＿＿＿＿。

5. C 语言中唯一的三目运算符是＿＿＿＿＿＿＿＿。

6. 在 C 语言中，实现直到型循环结构的是_____语句。

7. _____语句能终止当前循环语句的执行。

8. 把一个变量在内存单元中的地址称为该变量的_____。

9. 若有定义"int i,*p;"，若要使指针变量 p 指向变量 i，需要执行的操作是_____。

10. 若有定义"int a,*pa=&a;"，下面的语句要通过指针变量 pa 从键盘输入一个值给变量 a，请填空。
    scanf("%d",_____);

三、程序填空题

1. 下面的程序运行后的输出结果是_____。
```c
#include <stdio.h>
int main( )
{
    int a=1,b=3,c=5;
    if (c==a+b)
        printf("yes\n");
    else
        printf("no\n");
    return 0;
}
```

2. 若从键盘输入 58，则以下程序的输出结果是_____。
```c
#include <stdio.h>
int main( )
{
    int a;
    scanf("%d",&a);
    if (a>50)   printf("%d",a);
    if (a>40)   printf("%d",a);
    if (a>30)   printf("%d",a);
    return 0;
}
```

3. 运行以下程序段的输出结果是_____。
```c
int i=0,sum=1;
do
{
    sum+=i++;
}while(i<6);
printf("%d\n", sum);
```

4. 若有以下程序：
```c
#include <stdio.h>
int main( )
{
    int i=10, j=0;
    do
    {
        j=j+i;
        i--;
    }while(i>2);
    printf("%d\n",j);
    return 0;
}
```
运行程序后的结果为_____。

5. 以下程序从键盘上输入若干个学生的成绩，统计并输出最高成绩和最低成绩，当输入负数时结束输入，请填空。

```c
#include <stdio.h>
int main( )
{
    float x,amax,amin;
    scanf("%f",&x);
    amax=x; amin=x;
    while (_____)
    {
        if (x>amax)
            amax=x;
        if (_____)
            amin=x;
        scanf("%f",&x);
    }
    printf("amax=%f\namin=%f\n",amax,amin);
    return 0;
}
```

6. 执行以下程序后，输出"#"的个数是_____。

```c
#include <stdio.h>
int main( )
{
    int i,j;
    for (i=1;i<5;i++)
        for (j=2;j<=i;j++)
            putchar('#');
    return 0;
}
```

7. 有以下程序：

```c
#include <stdio.h>
int main( )
{
    char c1,c2;
    scanf("%c",&c1);
    while (c1<65||c1>90)
        scanf("%d",&c1);
    c2=c1+32;
    printf("%c,%c\n",c1,c2);
    return 0;
}
```

程序运行后输入 65↙，能否输出结果，结束运行？（请回答"能"或"不能"）_____。

8. 执行下列程序后的输出结果是_____。

```c
#include <stdio.h>
int main( )
{
    int k=1,s=0;
    do
    {
        if ((k%2)!=0)
            continue;
        s+=k;
        k++;
    }while(k>10);
    printf("s=%d\n",s);
    return 0;
}
```

四、编程题

1．从键盘输入两个整数 a 和 b，计算并输出 $a+|b|$。

2．从键盘输入一个整数 n，判断 n 是否能同时被 3 和 5 整除。

3．用 switch 语句编程实现一个简单的计算器程序，输入两个数和一个运算符（设只有 4 个运算符+、–、*、/），根据输入的运算符进行相应运算，并输出结果。

4．求某个班英语成绩的平均分，该班学生人数和每个学生的成绩均由键盘输入。

5．换零钱问题：若有一张 1 元的人民币，现要兑换成 1 分、2 分、5 分的硬币，求有多少种兑换方法？并输出每种兑换方法，要求每种面额的硬币都有。

6．用指针变量输入两个实数，求两个数的和与差。

7．从键盘输入若干字符，以回车键作为结束标志，统计其中小写字母的个数，要求用指针变量进行输入。

2.3　习题参考解答

一、选择题

1．C	2．D	3．B	4．C	5．C
6．C	7．B	8．D	9．A	10．D
11．A	12．B	13．C	14．C	15．A
16．D	17．B	18．B	19．A	20．C
21．A				

二、填空题

1．0

2．%

3．ch>='0' && ch<='9'　或　ch>=48 && ch<=57

4．m/10%10

5．?:

6．do-while

7．break

8．指针

9．p=&i

10．pa

三、程序填空题

1．no

2．585858

3．16

4．52

5．x>=0、x<amin

6．6

7．不能

8．s=0

四、编程题

1．分析：

本题主要考查 if 分支语句的使用。

计算时需要对 b 的值进行判断，若 $b \geqslant 0$，则应计算 $a+b$，否则计算 $a-b$。在使用 if 语句时注意 if 语句的格式。

本题也可以使用数学函数 abs，它用于计算一个整数的绝对值。使用该函数时，不要忘记加相应的文件包含命令。

2．分析：

本题主要考查 if 语句、关系运算符和逻辑运算符的使用。

将输入的整数同时对 3 和 5 取余，分别判断两个余数是否为零，这两个判断之间应为逻辑与关系，用逻辑运算符"&&"连接。注意，判断一个整数是否为零应使用关系运算符"=="。

3．分析：

本题主要考查 switch 分支语句的使用。

可以通过判断输入的运算符确定应该执行的 case 分支，在相应的 case 分支中进行计算。注意 case 语句的格式，也不要漏掉每个分支最后的 break 语句。

4．分析：

本题主要考查循环语句的使用。

程序应首先输入学生的人数，然后通过学生人数控制循环的次数。在循环中，逐个输入每个学生的成绩，并进行累加，最后将累加和除以学生人数即得平均分。注意，在循环体中有输入语句，以不断地输入下一个学生的成绩。另外在循环之前要对累加总分的变量赋初值 0。

5．分析：

本题主要考查循环语句的使用。

问题的求解可以通过穷举法实现。假设用变量 x、y、z 分别代表 1 分硬币数、2 分硬币数和 5 分硬币数，通过循环确定 x、y、z 的取值，然后逐一验证每组 x、y、z 的值是否满足要求，满足则进行输出。注意，在循环之前最好先确定 x、y、z 的取值范围，以便在循环嵌套中确定循环的控制条件。

6．分析：

本题主要考查指针变量的使用。

本题应首先定义存放两个实数的变量和两个同类型的指针变量，并使这两个指针变量分别指向两个实型变量，在输入时将指针变量放在 scanf 函数的地址表列中，然后计算这两个数的和与差，最后输出。注意，可通过初始化或赋值使两个指针变量分别指向两个普通实型变量。在 scanf 函数的地址表列中，指针变量前不加&。

7．分析：

本题主要考查指针变量和控制语句的使用。

首先要定义一个字符变量和一个字符指针变量，将字符指针变量指向该字符变量，定义一个 int 型变量用来统计小写字母的个数，并赋值为 0。在循环中反复输入字符，并判断刚输入的字符是否是小写字母，若是，则个数加 1，最后输出小写字母的个数。注意，要通过初始化或赋值使指针变量指向字符变量，在 scanf 函数中用指针变量进行输入的格式。

第 3 章　模块化程序设计

通过本章的学习，掌握模块化程序设计思想。熟练掌握函数的定义及各种调用形式、参数传递的实质及返回值的使用。理解函数原型及声明的形式，掌握常见库函数的使用。掌握函数的嵌套调用，了解函数的递归调用。掌握全局变量和局部变量的使用，理解变量的几种存储类别，能正确地使用各种存储类型的变量。掌握指针作为函数参数的使用，学会使用指针作为函数参数进行程序设计。

3.1　知 识 要 点

1. 模块化程序设计思想

在实际应用程序的开发过程中，程序员往往把整个程序划分为若干个功能单一、相对独立、较易求解的程序模块，然后分别予以实现，最后再把所有的程序模块整合起来——这种在程序设计中逐步分解、分而治之的策略，被称为模块化程序设计方法。C 语言中使用函数来实现模块化。

2. 函数定义

在 C 语言中，函数分为以下两种。

（1）库函数

库函数是由系统提供的，不需要用户再次定义，可以直接使用，但要在程序开头用#include 命令包含相应的头文件。

（2）自定义函数

这种函数是用户根据具体需求按自己的意愿编写的，用以完成指定的功能。

函数定义的一般形式为：

```
函数返回值类型 函数名(数据类型 形式参数 1, 数据类型 形式参数 2, ……)
{
    声明部分
    执行部分
}
```

函数由两部分组成：第一部分称为函数首部（也称函数头），包括函数返回值类型、函数名、形式参数表；第二部分是由花括号括起来的代码块，称为函数体。

3. 函数调用

（1）函数调用的一般形式为：

```
函数名(实际参数表)
```

注意：实际参数的个数、类型和顺序，应该与被调用函数定义时所要求的参数个数、类型和顺序一致。

函数调用方式有如下几种：

① 函数调用作为独立的语句，此时不要求函数带回返回值。

② 函数调用出现在表达式中，作为表达式的一部分，此时要求函数带回一个确定的值以参加表

达式的运算。

③ 函数调用作为另一个函数的参数，此时也要求函数带回一个确定值以作为函数调用的参数。

（2）函数间的参数传递

所有函数的调用均以"值传递"的方式进行，且参数传递方向永远是实参传递到形参，而不能由形参传给实参，即不能通过修改形参的值来改变实参的值。在内存中，实参与形参分别占有不同的内存单元。

（3）函数的返回值

函数的返回值只能通过 return 语句返回到主调函数。return 语句的一般形式为：

　　return(表达式);　或　return 表达式;　或　return;

return 语句的功能是立即结束当前函数的执行，并返回到主调函数中。

4．函数声明

函数声明的形式为：

　　函数返回值类型　函数名(数据类型　形式参数 1，数据类型　形式参数 2，……);

注意：最后必须有分号。

说明：

① 函数声明与函数定义是两回事。除了末尾的分号外，函数声明的语法格式与函数定义的首部完全一致，同时它不包含函数体。

② 函数声明中的参数名字并非是必须出现的，但是加上参数名字更清晰，更有助于理解该调用函数。

5．函数的嵌套与递归

（1）嵌套调用

所谓嵌套调用是指在一个函数的定义中出现对另一个函数的调用，即在被调函数中又调用其他函数。

（2）递归调用

函数在被调用的过程中，又直接或间接地调用自身，称为函数的递归调用。这种函数也被称为递归函数。

6．库函数

所谓库函数，就是系统提供的可以实现某种功能的函数集合。例如，前面经常使用的 scanf 函数和 printf 函数就是输入/输出类库函数。

7．变量的作用域与存储类型

（1）变量的作用域

作用域是从空间角度对变量特性的描述，所谓变量的作用域就是指该变量可以被使用的区域。变量定义的位置不同，其作用域也不同。

① 局部变量

局部变量是指在一个代码块内部（大多数情况是在函数内部）定义的变量。局部变量的作用域仅限于定义它的代码块内，离开该代码块后便失去其作用。

② 全局变量

定义在所有函数之外（即没有定义在任何函数的内部）的变量称为全局变量（也称为外部变量）。因此，全局变量不属于任何一个函数，而属于整个源文件。它的作用范围是从定义它的位置开始直到它所在的源文件结束，即从定义之后的所有函数都可以使用。

外部变量和全局变量是对同一类变量的两种不同角度的提法。全局变量是从它的作用域提出的，外部变量是从它的存储方式提出的，表示了它的生存期。

（2）变量的存储类型

变量的存储类型可分为"静态存储"和"动态存储"两种。静态存储变量通常是在变量定义时就被分配存储单元并一直保持不变，直到整个程序结束。动态存储变量是在程序执行过程中使用到它时才分配存储单元，并在使用完毕后立即释放。形参是典型的动态存储变量。

在 C 语言中，对变量的存储类型说明包括 4 种：自动变量（auto）、寄存器变量（register）、静态变量（static）和外部变量（extern）。

变量定义的完整形式应为：

　　　存储类型　数据类型　变量表列;

C 语言规定，函数内未加存储类型说明的变量均视为自动变量，也就是说自动变量可省去说明符 auto。

8. 指针与函数

（1）指针作为函数参数

指针变量作实参时，与普通变量一样，也是采用单向的"值传递"方式，即将实参指针变量的值（只不过该值是另一个变量的地址）传递给被调用函数的形参（必须也是一个指针变量）。指针变量作为函数的参数时，被调函数也不能改变实参指针变量的值，但可以改变实参指针变量所指向的变量的值。

（2）返回指针值的函数

在 C 语言中，一个函数的返回值可以是整型值、字符型值、实型值等，也可以是指针（即地址）。返回指针值的函数，一般定义形式为：

　　　数据类型　*函数名(形参表列)
　　　{
　　　　　声明部分
　　　　　执行部分
　　　}

（3）指向函数的指针变量

在 C 语言中，一个函数总是占用一段连续的内存区，函数名表示该内存区的首地址，称为函数的指针。可以把函数的首地址（或称入口地址）赋予一个指针变量，使这个指针变量指向该函数，然后通过该指针变量即可找到并调用这个函数。把这种指向函数的指针变量称为"指向函数的指针变量"。

指向函数的指针变量定义形式为：

　　　数据类型　(*指针变量名)(形参列表);

3.2　习　　题

一、选择题

1. 一个完整的 C 语言源程序（　　　）。

　　A）至少由一个主函数和一个以上的辅函数构成

　　B）由一个且仅由一个主函数和零个或零个以上的辅函数构成

　　C）至少由一个主函数和一个以上的辅函数构成

　　D）至少由一个且只有一个主函数或多个辅函数构成

2．按 C 语言的规定，以下不正确的说法是（　　　）。

　　A）实参可以是常量、变量或表达式

　　B）形参可以是常量、变量或表达式

　　C）实参的个数应与形参一致

　　D）形参应与其对应的实参类型一致

3．在 C 语言程序中，当调用函数时（　　　）。

　　A）形参和实参各占一个独立的存储单元

　　B）实参和形参可以共用存储单元

　　C）可以由用户指定是否共用存储单元

　　D）由计算机系统自动确定是否共用存储单元

4．已定义的函数有返回值，则以下关于该函数调用的叙述中错误的是（　　　）。

　　A）函数调用可以作为独立的语句存在

　　B）函数调用可以作为一个函数的实参

　　C）函数调用可以出现在表达式中

　　D）函数调用可以作为一个函数的形参

5．若在一个函数中的复合语句内定义了一个变量，则该变量（　　　）。

　　A）只在该复合语句中有效　　　　　　B）在该函数中有效

　　C）在本程序范围内有效　　　　　　　D）非法变量

6．C 语言中，只有在使用时才占用内存单元的变量，其存储类型是（　　　）。

　　A）auto　　　　　　　　　　　　　　B）extern 和 register

　　C）auto 和 static　　　　　　　　　　D）static 和 register

7．以下叙述中正确的是（　　　）。

　　A）局部变量说明为 static 存储类型，其生存期将得到延长

　　B）全局变量说明为 static 存储类型，其作用域将被扩大

　　C）任何存储类型的变量在未被赋值时，其值都是不确定的

　　D）形参可以使用的存储类型说明符与局部变量完全相同

8．运行以下程序的输出结果是（　　　）。

```c
#include <stdio.h>
#include <math.h>
int main( )
{
    int a=1,b=4,c=2;
    float x=10.5, y=4.0, z;
    z=(a+b)/c+sqrt((double)y)*1.2/c+x;
    printf("%f\n",z);
    return 0;
}
```

　　A）14.000000　　　　B）015.400000　　　　C）13.700000　　　　D）14.900000

9．运行以下程序的输出结果是（　　　）。

```c
#include <stdio.h>
func(int a,int b)
{
    static int m=0,i=2;
    i+=m+1;
```

```
        m=i+a+b;
        return(m);
    }
    int main( )
    {
        int k=4,m=1,p;
        p=func(k,m);
        printf("%d,",p);
        p=func(k,m);
        printf("%d\n",p);
        return 0;
    }
```

A）8,17　　　　　　B）8,16　　　　　　C）8,20　　　　　　D）8,8

10. 以下程序的运行结果是（　　　）。

```
    #include <stdio.h>
    int a=1;
    int f(int c)
    {
        static int a=2;
        c=c+1;
        return (a++)+c;
    }
    int main( )
    {
        int i,k=0;
        for (i=0;i<2;i++)
        {
            int a=3;
            k+=f(a);
        }
        k+=a;
        printf("%d\n",k);
        return 0;
    }
```

A）14　　　　　　B）15　　　　　　C）16　　　　　　D）17

11. 以下程序的运行结果是（　　　）。

```
    #include <stdio.h>
    void num( )
    {
        extern int x,y;
        int a=15,b=10;
        x=a-b;
        y=a+b;
    }
    int x,y;
    int main( )
    {
        int a=7,b=5;
        x=a+b;
        y=a-b;
        num( );
        printf("%d,%d\n",x,y);
        return 0;
    }
```

A）12,2　　　　　　B）5,25　　　　　　C）1,12　　　　　　D）不确定

12. 运行以下程序的输出结果是（　　　）。

```
#include <stdio.h>
int f1(int x,int y)
{
    return x>y?x:y;
}
int f2(int x,int y)
{
    return x>y?y:x;
}
int main( )
{
    int a=4,b=3,c=5,d=2,e,f,g;
    e=f2(f1(a,b),f1(c,d));
    f=f1(f2(a,b),f2(c,d));
    g=a+b+c+d-e-f;
    printf("%d,%d,%d\n",e,f,g);
    return 0;
}
```

A）4,3,7　　　　　　B）3,4,7　　　　　　C）5,2,7　　　　　D）2,5,7

13. 下列程序的输出结果是（　　　）。

```
#include <stdio.h>
#define P 3
void F(int x)
{
    return(P*x*x);
}
int main( )
{
    printf("%d\n",F(3+5));
    return 0;
}
```

A）192　　　　　　B）29　　　　　　C）25　　　　　D）编译出错

14. 有以下程序：

```
#include <stdio.h>
int fun(int n)
{
    if (n==1)
        return(1);
    else
        return(n+fun(n-1));
}
int main( )
{
    int x;
    scanf("%d",&x);
    printf("%d\n",fun(x));
    return 0;
}
```

程序执行时，给变量 x 输入 10，程序的输出结果是（　　　）。

A）55　　　　　　B）54　　　　　　C）65　　　　　D）45

15. 以下叙述中错误的是（　　　）。

A）改变函数形参的值，不会改变对应实参的值

B）函数可以返回地址值

C）可以给指针变量赋一个整数作为地址值

D）当在程序的开头包含文件 stdio.h 时，可以给指针变量赋值为 NULL

16. 以下程序运行后的输出结果是（　　　）。

```c
#include <stdio.h>
void fun(int *a,int *b)
{
    int *c;
    c=a; a=b; b=c;
}
int main( )
{
    int x=3,y=5,*p=&x,*q=&y;
    fun(p,q);
    printf("%d,%d,",*p,*q);
    fun(&x,&y);
    printf("%d,%d\n",*p,*q);
    return 0;
}
```

A）3,5,5,3　　　　B）3,5,3,5　　　　　　C）5,3,3,5　　　　　D）5,3,5,3

17. 以下程序运行后的输出结果是（　　　）。

```c
#include <stdio.h>
void f(int *p,int *q);
int main( )
{
    int m=1,n=2,*r=&m;
    f(r,&n);
    printf("%d,%d\n",m,n);
    return 0;
}
void f(int *p,int *q)
{
    p=p+1;
    *q=*q+1;
}
```

A）1,3　　　　　　B）2,3　　　　　　　C）1,4　　　　　　D）1,2

18. 设有定义语句"int (*f)(int);"，则以下叙述正确的是（　　　）。

A）f 是基类型为 int 的指针变量

B）f 是指向函数的指针变量，该函数具有一个 int 类型的形参

C）f 是指向 int 类型一维数组的指针变量

D）f 是函数名，该函数的返回值是基类型为 int 类型的地址

二、填空题

1. 函数由两部分构成，即函数首部和_____。

2. 为了能使函数返回一个确定的值，必须使用_____语句。

3. 函数调用的一般形式为_____。

4. 函数在被调用的过程中，又直接或间接地调用自身，则称函数的_____调用。

5. 若在 C 语言程序中引用标准输入/输出库函数，必须在每个源文件的开始包含预处理命令，请补充完整。

　　　#include _____

6. 若在程序中用到"sqrt"函数，则应在程序中包含的头文件是_____。（填写文件

名）

7. 在 C 语言中，对变量的存储类型说明包括 4 种：_____、寄存器变量（register）、静态变量（static）和外部变量（extern）。

8. 若某变量的存储类型被定义为 auto，则在内存的_____存储区分配内存单元。

9. 指针作为函数参数时，参数传递方式仍然是值传递，只不过该值是一个_____。不能通过修改形参的值使实参的值改变，但可以修改形参所指向变量的值。

三、程序填空题

1. 若输入的值是-125，则以下程序的运行结果是_____。

```
#include <stdio.h>
#include <math.h>
void fun(int);
int main( )
{
    int n;
    scanf("%d",&n);
    printf("%d=",n);
    if (n<0)
        printf("-");
    n=abs(n);
    fun(n);
    return 0;
}
void fun(int n)
{
    int k,r;
    for (k=2;k<=(int)sqrt(n);k++)
    {
        r=n%k;
        while (r==0)
        {
            printf("%d",k);
            n=n/k;
            if (n>1)
                printf("*");
            r=n%k;
        }
    }
    if (n!=1)
        printf("%d\n",n);
}
```

2. 以下程序的运行结果是_____。

```
#include <stdio.h>
int main( )
{
    void fun(int,int);
    int i=2,x=5,j=7;
    fun(j,6);
    printf("i=%d;j=%d;x=%d\n",i,j,x);
    return 0;
}
void fun(int i,int j)
{
    int x=7;
```

```
        printf("i=%d;j=%d;x=%d\n",i,j,x);
    }
```

3. 以下程序运行后的输出结果是_____。

```
#include <stdio.h>
long fun5(int n)
{
        long s;
        if ((n==1)||(n==2))
                s=2;
        else
                s=n+fun5(n-1);
        return(s);
}
int main( )
{
        long x;
        x=fun5(4);
        printf("%ld\n",x);
        return 0;
}
```

4. 以下程序运行后的输出结果是_____。

```
#include <stdio.h>
#define S(x) 4*x*x+1
int main( )
{
        int i=6,j=8;
        printf("%d\n",S(i+j));
        return 0;
}
```

5. 以下程序运行后的输出结果是_____。

```
#include <stdio.h>
void swap(int x,int y)
{
        int t;
        t=x; x=y; y=t;
        printf("%d %d ",x,y);
}
int main( )
{
        int a=3,b=4;
        swap(a,b);
        printf("%d %d\n",a,b);
        return 0;
}
```

6. 以下程序的输出结果是_____。

```
#include <stdio.h>
void fun(int *x)
{
        printf("%d\n", ++*x);
}
```

```
int main( )
{
    int a=25;
    fun(&a);
    return 0;
}
```

7. 运行以下程序的输出结果是_____。

```
#include <stdio.h>
void swap(char *x,char *y)
{
    char t;
    t=*x; *x=*y; *y=t;
}
int main( )
{
    char s1='a',s2='1';
    swap(&s1,&s2);
    printf("%c,%c\n",s1,s2);
    return 0;
}
```

8. 以下程序的运行结果是_____。

```
#include <stdio.h>
void fun(int n,int *p)
{
    int f1,f2;
    if (n==1||n==2)
        *p=1;
    else
    {
        fun(n-1,&f1);
        fun(n-2,&f2);
        *p=f1+f2;
    }
}
int main( )
{
    int s;
    fun(3,&s);
    printf("%d\n",s);
    return 0;
}
```

四、编程题

1. 在主函数中输入一个整数，编写函数，求该整数的绝对值，并在主函数中输出结果。

2. 编写函数，计算 $y = \begin{cases} -e^{2x+1}+3 & (x \leqslant -2) \\ 2x-1 & (-2 < x \leqslant 3) \\ 3\lg(3x+5)-11 & (x > 3) \end{cases}$，要求在主函数中输入 x 的值，输出 y 的值。

3．编写函数，根据以下公式计算 π 值，并作为函数值返回，精确到 10^{-8}。

$$\frac{\pi}{2}=1+\frac{1}{3}+\frac{1}{3}\times\frac{2}{5}+\frac{1}{3}\times\frac{2}{5}\times\frac{3}{7}+\frac{1}{3}\times\frac{2}{5}\times\frac{3}{7}\times\frac{4}{9}+\cdots$$

4．1742 年，著名的德国数学家哥德巴赫提出以下猜想：任何一个不小于 6 的偶数都可以表示为两个素数之和。例如，6=3+3，8=3+5，……，试编写程序验证哥德巴赫猜想。输入一个不小于 6 的偶数，如 43528，将其表示为两个素数之和，并输出这两个素数。

5．编写一个函数求 3 个数的最大值和最小值，要求在主函数中输入 3 个数的值，并输出结果。

6．编写递归函数，将一个整数 n 转换成对应的字符串。在主函数中输入整数 n，并输出转换后的字符串。例如，输入 256，输出"the string is: "256""。

7．分析下面程序的运行结果并上机验证。

```
#include <stdio.h>
int k=1;
void fun( );
int main()
{
    int j;
    for (j=0; j<2; j++)
        fun( );
    printf("k=%d", k);
    return 0;
}
void fun( )
{
    int k=1;
    printf("k=%d,", k);
    k++;
}
```

8．下列给定程序中，函数 fun 的功能是，将形参 n 中各位上为偶数的数取出，并按原来从高位到低位的顺序组成一个新数，作为函数值返回。

例如，从主函数输入一个整数 27638496，则函数返回值为 26846。

请在横线处填入正确的内容，使程序得出正确的结果。

注意：部分源程序给出如下，不得增行或删行，也不得更改程序的结构。

```
#include <stdio.h>
#include <math.h>
unsigned long fun(unsigned long n)
{
    unsigned long x=0,s,i;
    int t;
    s=n;
/* * * * * * * * found * * * * * * * */
    i=  【1】  ;
/* * * * * * * * found * * * * * * * */
    while (  【2】  )
    {
        t=s%10;
        if (t%2==0)
        {
```

```
/* * * * * * * * found * * * * * * * */
                x=x+t*i;
                i=   【3】   ;
            }
            s=s/10;
        }
        return(x);
    }
    int main( )
    {
        unsigned long n=-1;
        while (n>99999999||n<0)
        {
            printf("Input n(0<n<100000000): ");
            scanf("%ld",&n);
        }
        printf("The result is: %ld\n",fun(n));
        return 0;
    }
```

9．下列给定程序中函数 fun 的功能是，计算函数 $F(x,y,z)=\dfrac{x+y}{x-y}+\dfrac{z+y}{z-y}$ 的值。其中，x 和 y 的值不相等，z 和 y 的值不相等。

例如，当 $x=9$，$y=11$，$z=15$ 时，函数值为-3.50。

请改正程序中的错误，使其得出正确的结果。

注意： 不要改动 main 函数，不得增行或删行，也不得更改程序的结构。

```
    #include <stdio.h>
/* * * * * * * * found * * * * * * * */
    #define FU(m,n) (m/n)
    float fun(float a,float b,float c)
    {
        float value;
        value=FU(a+b,a-b)+FU(c+b,c-b);
/* * * * * * * * found * * * * * * * */
        return(Value);
    }
    int main( )
    {
        float x,y,z,sum;
        printf("Input x,y,z: ");
        scanf("%f%f%f",&x,&y,&z);
        if (fabs(x-y)<1E-6||fabs(y,z)<1E-6)
            printf("Data error!\n");
        else
        {
            sum=fun(x,y,z);
            printf("The result is: %.2f\n",sum);
        }
        return 0;
    }
```

10．编写函数 fun，其功能是计算 $f(x)=1+x+\dfrac{x^2}{2!}+\cdots+\dfrac{x^n}{n!}$，直到 $\left|\dfrac{x^n}{n!}\right|<10^{-6}$。若 $x=2.5$，函数值为 12.182494。

注意：部分源程序给出如下，请勿改动主函数 main 和其他函数中的任何内容，仅在函数体内填写编写的若干语句。

```
#include <stdio.h>
#include <math.h>
double fun(double x)
{



}
int main( )
{
    double x,y;
    x=2.5;
    y=fun(x);
    printf("The result is:\n");
    printf("x=%-12.6fy=%-12.6f\n",x,y);
    return 0;
}
```

3.3　习题参考解答

一、选择题

1．B　　　　2．B　　　　3．A　　　　4．D　　　　5．A
6．A　　　　7．A　　　　8．C　　　　9．A　　　　10．A
11．B　　　12．A　　　13．D　　　14．A　　　15．C
16．B　　　17．A　　　18．B

二、填空题

1．函数体

2．return

3．函数名(实际参数表)

4．递归

5．<stdio.h>　或　"stdio.h"

6．math.h

7．自动变量（auto）

8．动态

9．地址　或　指针

三、程序填空题

1．-125=-5*5*5

2．i=7;j=6;x=7

　　i=2;j=7;x=5

3．9

4．81

5．4 3 3 4

6．26

7．1,a

8．2

四、编程题

1．分析：

本题主要考察函数和分支语句的使用。

在主函数中输入数据，作为实参传给被调函数，被调函数将结果以返回值的形式传回主函数，在主函数中输出结果。在被调函数中，使用 if 语句判断形参的正负，求出形参的绝对值，将结果用 return 语句带回主函数。注意形参的定义，函数返回值的类型，return 语句的格式。

2．分析：

本题主要考察函数和分支语句的使用。

在主函数中输入 x 的值，将 x 作为实参传给被调函数，被调函数将计算结果以返回值的形式传回主函数，在主函数中进行输出。被调函数中可通过 if 语句嵌套判断 x 的范围，从而利用相应的函数表达式求出 y 的值，最后用 return 语句将 y 的值带回主函数。注意形参的定义，函数返回值的类型，return 语句的使用。另外，在程序开始时不要忘记加相应的文件包含命令。

3．分析：

本题主要考察函数和循环语句的使用。

观察等号右边各项的规律，不难发现，从第 2 项开始，每一项都是前一项乘以 $\dfrac{i-1}{2i-1}$，其中，i 是项数序号。由此可见，应分别设两个变量，通过累乘来计算第 i 项，而通过累加来计算等号右边的各项之和。本题不需要使用多层循环，只用一层循环即可，在每次循环时，将上次循环保留的累乘积乘以本次的 $\dfrac{i-1}{2i-1}$，继续保留在累乘积中，然后将本次的累乘积加到累加和中。注意循环体应完成哪些功能，循环控制的条件，累乘积和累加和的变量应分别赋初值为 1 和 0。

4．分析：

本题主要考查函数、循环语句的使用和素数的判断方法。

将一个偶数（设为 x）表示为两个素数之和，则这两个素数肯定均不大于这个偶数的一半。由此可以设定循环条件，对这个偶数从 3（用 m 表示）开始测试，直到大于 x 的一半，循环结束。判断时，求出 m 与这个偶数的差 n（n=x−m），再分别判断 m、n 是否均为素数。如果 m、n 均为素数，则验证完毕，循环可以提前结束。

编程实现时，从主函数中输入待验证的偶数 x，将 x 传入自定义函数中，找到两个素数 m 和 n 后，m 作为返回值返回（n 不需返回，n=x−m，在主函数中计算即可），最后在主函数中输出结果。由于要判断 2 次素数，可以编写一个判断素数的函数，判断素数的方法请参考教材相关内容。

5．分析：

本题主要考察函数的定义、指针作为函数参数及全局变量的使用。本题可以有两种思路：

①　在主函数中输入 3 个数的值，另外定义两个变量，用来存放待求的最大值和最小值，将这 3 个数以及存放最大值、最小值变量的地址作为实参传到被调函数中，在被调函数中定义相应的形参来接收它们，通过比较确定最大值和最小值，使用形参指针变量来给主函数中的相应变量赋值，被调函数不需要返回值，因此可以在主函数中输出。

②　将存放最大值和最小值的变量定义为全局变量，在主函数中输入 3 个数的值，只将这 3 个数作为参数传到被调函数中，求出最大值和最小值后，给存放最大值和最小值的两个全局变量赋值。改变这两个全局变量的值，在主函数中就可以输出改变后的值。

6．分析：

本题主要考察递归函数的使用。

本题要设一个递归函数 tranvers，以输入整数 256 为例，主函数调用递归函数 tranvers，第 1 次调用 tranvers 函数时的实参 n 为 256，然后它再把 25 作为实参传递给 tranvers 函数的第 2 次调用，后者又把 2 作为实参传递给 tranvers 函数的第 3 次调用。第 3 次调用 tranvers 函数时输出字符形式的 "2"；然后再返回到第 2 次调用，第 2 次调用时输出字符形式的 "5"；返回到第 1 次调用，输出字符形式的 "6"，至此，函数递归调用结束。

注意，如果输入的是负数，应先输出负号 "–"，然后再把其绝对值作为参数传递到 tranvers 函数的第 1 次调用。

7．分析：

本题主要考察全局变量和局部变量的使用。

全局变量在整个程序的运行期间一直存在，其值可以被定义在其后的所有函数使用，当其后的函数中有与其重名的局部变量时，局部变量起作用，全局变量在局部变量起作用的范围内不起作用。局部变量只在定义的范围内起作用，通常是一个函数或复合语句内，当局部变量所在的函数被多次调用时，每次都重新给局部变量分配内存空间，重新赋值。

8．分析：

本题是二级 C 语言上机考试填空题样题，这种题型往往是给出部分程序，留下 2～3 处空，位于 "/＊＊＊＊＊＊＊ found ＊＊＊＊＊＊＊＊/" 行下面，要求考生根据题目中给出的函数功能在下划线处填空，将原来的下划线删除，使程序得到正确结果。并且不能改动 main 函数，不能增行或删行，也不能更改程序的结构。

由程序可知，本题考查：（1）变量赋初值。变量 i 在循环中用来控制被取出的偶数在新数中的位置（权值），分别表示个位（1）、十位（10）、……。因此应赋初值为 1。（2）while 语句的循环条件。循环的目的是为了从低位到高位依次取出 s 的每位数以做判断，在循环过程中 s 不断的整除 10，随着循环的进行 s 会越来越小，当值为 0 时表示已经处理完，不再需要循环，因此应填 s!=0 或 s>0 或 s。（3）如何把取得的数放到新数的正确位置。这就需要借助变量 i，i 表示满足条件的数（偶数）在新数中的权值，从 1、10、100、……，逐渐增加，因此应填 i∗10。

9．分析：

本题是二级 C 语言上机考试改错题样题，这种题型往往是给出全部程序，但一般会留下 2 处错误，位于 "/＊＊＊＊＊＊＊ found ＊＊＊＊＊＊＊＊/" 行下面，要求考生根据题目中给出的函数功能来修改程序，得到正确结果。并且不能改动 main 函数，不能增行或删行，也不能更改程序的结构。

本题有两处错误，其一在#define 宏定义行，由题目可知，这里的 m、n 均为表达式，应先进行表达式运算，再进行除法运算，因此应修改为 "((m)/(n))"。第二处错误在 return 行，表达式中的变量名与上面使用的变量名不同，首字母成了大写了，因此改为 "value" 即可。

10．分析：

本题是二级 C 语言上机考试编程题样题，这种题型往往是给出部分程序，要求考生按照题目中给出的函数功能来编写函数。要求已给出的程序部分不能改动，只能在 fun 函数体中编写语句。

本题比较简单，要求计算累加项的和，可以通过一个循环依次计算各累加项，只要累加项满足条件，就进行求和，然后计算下一个累加项。相关程序与教材第 2 章的习题比较类似，此处不再赘述。

第 4 章　简单构造数据类型

通过本章的学习，掌握一维数组和二维数组的定义及使用方法，学会使用一维数组和二维数组解决一些经典的问题，如排序、查找、矩阵运算等。掌握用数组处理字符串的方法，字符串常用处理函数等。掌握数组名作为函数参数的实质，学会使用数组名或指针作为函数参数。掌握使用指针访问字符数组、使用字符串作为函数参数等。

4.1　知　识　要　点

1．一维数组

（1）一维数组的定义

　　　格式：类型标识符　数组名[常量表达式]

① 常量表达式必须是整型常量表达式，可以是整型常量或符号常量，但不能是变量。也就是说数组的大小在程序运行前必须确定好，不依赖于程序运行中变量值的变化而变化。

② 一维数组在内存中的存放顺序为，整个数组占用一段连续的内存单元，各元素按下标顺序存放。数组名表示数组所占内存区域的首地址（即第 1 个元素的地址，下标为 0 的元素），即数组名是一个指针（指针常量）。

（2）一维数组元素的引用

　　　形式：数组名[下标]

其中，下标可以是整型常量、整型变量或整型表达式。下标从 0 开始取值，如数组长度为 n，则数组的下标值可以是 $0,1,\cdots,n-1$，如果使用 a[n]则是错误的。

（3）一维数组的初始化

在定义数组时，可以对全部数组元素赋初值，也可以只给一部分数组元素赋初值，系统自动对其余元素赋默认值 0（整型赋值为 0，实型赋值为 0.0，字符型赋值为'\0'）。当对全部数组元素赋初值时，可以不指定数组长度，其长度由初值个数自动确定。但要注意，数组指明的元素个数不能小于初值个数。

2．二维数组

（1）二维数组的定义

　　　格式：类型说明符　数组名[常量表达式][常量表达式]

① 存储方式：在内存中按行存放，即先顺序存放第一行的元素，再顺序存放第二行的元素，……。

② 根据数组的定义方式，可以将二维数组看作是一种特殊的一维数组，它的每一个元素又是一个一维数组。

（2）二维数组元素的引用

　　　形式：数组名[行下标][列下标]

其中，"行下标"和"列下标"可以是整型常量、整型变量或整型表达式，其值从 0 开始，不能超过数组定义的范围。

（3）二维数组的初始化

可以按行给二维数组赋初值，或按存储顺序依次给各元素赋初值，也可以对部分元素赋初值（其余元素系统赋默认值）。当对全部数组元素赋初值时，第一维的长度可以省略，但第二维长度不能省略。同样，给二维数组元素赋初值时，所提供的初值个数不能多于数组元素个数。

3．字符串

（1）字符串常量

字符串常量是由各种字符构成的字符序列，如"How are you!"、"ABC123"、"6=-\\'m"、""（空串）。

C 语言中没有字符串变量，而用字符数组来存放字符串。一个字符串用一个一维字符数组存放。

（2）字符数组的定义

格式：char 数组名[字符个数]

（3）字符数组的初始化

① 逐个字符赋给数组中的元素，如：

char str[5]={'C', 'h', 'i', 'n', 'a'};

② 用字符串常量来初始化字符数组，如：

char str[ ]={"China"};

或： char str[ ]="China"; //常用方法

等价于： char str[6]="China"; //注意初值个数不能大于数组元素个数

不能写成：char str[5]="China"; //忘记了字符串末尾的'\\0'，初值个数大于数组元素个数

注意：只有字符数组中有了'\\0'，才能说存放着一个字符串。另外，初始化时数组的长度应足够大，确保可以容纳所有字符和结束标志'\\0'，如写成：char str[20]="China";。

（4）字符数组的输入和输出

① 用"%s"格式控制符对数组进行整体输入和输出

用 scanf 函数输入字符串时，以非空白字符（空格、回车或 Tab 键）开始读入，以第一个空白字符结束，系统自动加结束标志'\\0'作为最后一个字符。注意，空格会作为字符串的分隔符，即 scanf 函数不能用来读入包含有空格的字符串。

② 用 gets 和 puts 函数实现字符串的输入和输出

用 gets 函数可以输入包含空格的字符串，它可以读入包括空格在内的全部字符直到遇到回车符为止。puts 函数一次输出一个字符串，输出时将'\\0'自动转换成换行符输出。

（5）字符串处理函数

① 字符串复制函数 strcpy

格式：strcpy(字符数组 1,字符串 2)

功能：将字符串 2 复制到字符数组 1 中。

② 字符串连接函数 strcat

格式：strcat(字符数组 1,字符串 2)

功能：把字符串 2 连接到字符数组 1 的后面，连接后的字符串仍存放在字符数组 1 中。

③ 字符串比较函数 strcmp

格式：int strcmp(字符串 1,字符串 2)

功能：比较字符串 1 和字符串 2（从左到右逐个字符比较 ASCII 值的大小，直到出现的字符不一样或遇到'\\0'为止），比较结果（正整数、0 或负整数）由函数返回。

④ 测试字符串长度函数 strlen

格式：int strlen(字符串)

功能：测试字符串长度（函数的值为字符串的实际长度，不包括'\0'在内）。

⑤ 大小写转换函数 strupr、strlwr

格式：char *strupr(字符串)

　　　　char *strlwr(字符串)

功能：strupr 函数将字符串中的小写字母转换为大写字母。

　　　　strlwr 函数将字符串中的大写字母转换为小写字母。

注意：使用这些字符串处理函数时，需要加文件包含命令：#include <string.h>。

4．数组与指针

（1）一维数组与指针

一个数组包含若干元素，每个数组元素都在内存中占用一定的存储单元，即都有相应的地址，数组元素的地址称为数组元素的指针。

一个数组元素与相同类型的变量完全一样，因此指向普通变量的指针也可以指向数组元素。

若有定义"int a[10],*p=a;"，则 p 和 a 都等于&a[0]，但它们不同。a 为数组名，表示数组的首地址，程序编译后数组的地址不会发生改变，因此，a 是一个指针常量，其值不能被改变；p 为指针变量，可以被赋值，可使它在不同时刻指向不同的数组元素。

C 语言规定，一个指针变量指向数组中的元素时，指针变量加 1 表示指向下一个元素，减 1 表示指向前一个元素。

若有"p=&a[0];"，此时，数组元素 a[i]可以表示为以下几种形式：

　　a[i]　　*(a+i)　p[i]　　*(p+i)

对应的地址表示形式为：

　　&a[i]　　a+i　　&p[i]　　p+i

（2）数组名作为函数参数

数组名作为函数参数，即用数组名作为函数实参，要求形参是数组名或指针变量的形式。此时主调函数将实参数组的首地址传递给被调函数的形参，而不是传递数组元素的值。

此时，实参数组和形参数组占用同一段内存单元，即表示同一个数组，形参数组的变化等同于实参数组的变化，因此常通过改变形参数组的值来改变实参数组。

参数传递的实质是将实参的值赋值给形参。数组名做函数实参时，是将实参数组的首地址赋值给形参，因此，形参数组名实际上是个变量，而且是指针变量，因为只有指针变量才能被赋值为一个地址值。

C 语言编译系统在处理时就是将形参数组名作为指针的，因此形参也可以定义成指针变量的形式。同样，实参既可以是数组名的形式，也可以是指针（即某个数组元素的地址）的形式。

归纳起来，实参与形参的对应形式可以是：

① 实参和形参都用数组名；

② 实参用数组名，形参用指针变量；

③ 实参和形参都用指针变量；

④ 实参为指针变量，形参为数组名。

（3）二维数组作为函数参数

二维数组作为函数参数即二维数组名作为函数实参，此时形参也应该定义为二维数组的形式（也可以定义成一个指针变量，不要求掌握这种指针的使用）。

定义形参数组时可以指定每一维的大小，也可省略第一维的大小说明，但不能省略第二维的大小说明。

5. 字符串与指针

（1）指向字符串的指针变量

字符串的指针是指对应的字符数组在内存中的首地址。指向字符串的指针变量就是专门用来存放字符数组首地址的指针变量。

因此，指向字符串的指针变量实际上就是普通的 char 类型指针变量，可以直接将字符串首地址或字符串中某个字符的地址赋值给字符指针变量。

C 语言允许直接将一个字符串常量赋值（或初始化）给一个指向字符串的指针变量。C 语言编译系统在执行时，先给字符串常量开辟一段连续的内存单元，存放字符串中的各字符和字符串结束标志'\0'。然后将字符串在内存中的首地址赋值给该指针变量。

它不同于字符数组的初始化，字符数组的初始化是将字符串中的各字符和字符串结束标志'\0'存放在数组的各元素中，数组首地址用数组名表示。

（2）字符指针作为函数参数

将一个字符串从一个函数传递到另一个函数，可以用地址传递的方法，即用字符数组名、指向字符串的指针变量或其他字符地址表达式作为函数的实参，此时形参可以定义为一个字符数组或字符型指针变量。

4.2 习 题

一、选择题

1. 若有说明"int a[10];"，则对 a 数组元素的正确引用是（   ）。

   A）a[10]   B）a[3.5]   C）a(5)   D）a[10-10]

2. 以下正确的数组定义语句是（   ）。

   A）int a[1][4]={1,2,3,4,5};   B）float x[3][ ]={{1},{2},{3}};

   C）double y[ ][3]={0};   D）int b[2][3]={{1},{1,2},{1,2,3}};

3. 若有定义"int k,a[3][3]={1,2,3,4,5,6,7,8,9};"，则下列语句的输出结果是（   ）。
   ```
   for (k=1;k<3;k++)
   printf("%d ",a[k][2-k]);
   ```

   A）3 5   B）3 6   C）5 7   D）1 3

4. 以下是对数组 s 的定义及初始化，不正确的是（   ）。

   A）char s[5]={"abc"};   B）char s[5]={'a','b','c'};

   C）char s[5]="";   D）char s[5]="abcdef";

5. 对两个数组 a 和 b 进行如下初始化：
   ```
   char a[ ]="ABCDEF";
   char b[ ]={'A','B','C','D','E','F'};
   ```
   则以下叙述正确的是（   ）。

   A）a 数组与 b 数组完全相同   B）a 数组与 b 数组长度相同

   C）a 数组和 b 数组中都存放着字符串   D）a 数组比 b 数组长度长

6. 以下程序段的运行结果是（   ）。
   ```
   char x[5]={'a', 'b', '\0', 'c', '\0'};
   printf("%s", x);
   ```

   A）'a"b'   B）ab   C）ab c   D）ab0c0

7. 执行以下程序段的输出结果是（　　）。
```
char s[16]="This is a book!";
printf("%d",strlen(s));
```
A）15　　　　　　　　B）16　　　　　　　C）12　　　　　　D）14

8. 以下对字符数组的描述中错误的是（　　）。

A）字符数组中可以存放字符串

B）字符数组中的字符串可以整体输入/输出

C）可以通过赋值运算符"="对字符数组赋值

D）不可以用关系运算符对字符数组中的字符串进行比较

9. 以下叙述中正确的是（　　）。

A）两个字符串所包含的字符个数相同时，才能比较字符串

B）字符个数多的字符串比字符个数少的字符串大

C）字符串"STOP "（最后有一个空格）与"STOP"相等

D）字符串"That"小于字符串"The"

10. 已有以下数组定义和函数调用语句，则在 fun 函数的说明中，对形参数组 array 定义错误的是（　　）。
```
int a[3][4];
fun(a);
```
A）fun(int array[ ][3])　　　　　　　　B）fun(int array[3][ ])

C）fun(int array[ ][4])　　　　　　　　D）fun(int array[2][4])

11. 以下说法正确的是（　　）。

A）a[i]等价于*(a+i)　　　　　　　　　B）&a[i]等价于*(a+i)

C）a[i]等价于 a+i　　　　　　　　　　D）a[i]等价于*a+i

12. 设有定义 "double a[10], *s=a;"，以下能够代表数组元素 a[3]的是（　　）。

A）(*s)[3]　　　　　B）*(s+3)　　　　　C）*s[3]　　　　　D）*s+3

13. 设有说明语句 "char *ps="\t\'c\\Language\n";"，则指针 ps 所指字符串的长度为（　　）。

A）13　　　　　　　　B）15　　　　　　　C）17　　　　　　D）说明语句不合法

14. 以下不正确的是（　　）。

A）char a[10]="China";　　　　　　　B）char a[10],*p=a; p="China";

C）char *p; p="China";　　　　　　　D）char a[10],*p; p=a="China";

15. 以下程序运行后的输出结果是（　　）。
```
#include <stdio.h>
int main( )
{
    int a[5]={1,2,3,4,5},b[5]={0,2,1,3,0},i,s=0;
    for (i=0;i<5;i++)
        s=s+a[b[i]];
    printf("%d\n", s);
    return 0;
}
```
A）6　　　　　　　　B）10　　　　　　　C）11　　　　　　D）15

16. 以下程序段的功能是（　　）。
```
#include <stdio.h>
int main( )
{
    int a[ ]={4,0,2,3,1},i,j,t;
```

```c
for (i=1;i<5;i++)
{
    t=a[i];
    for (j=i-1;j>=0&&t>a[j];j--)
        a[j+1]=a[j];
    a[j+1]=t;
}
for (i=0;i<5;i++)
    printf("%d ",a[i]);
return 0;
}
```

A）对数组 a 进行插入排序（升序）   B）对数组 a 进行插入排序（降序）

C）对数组 a 进行选择排序（升序）   D）对数组 a 进行选择排序（降序）

17. 以下程序运行后的输出结果是（　　　）。

```c
#include <stdio.h>
int main( )
{
    int b[3][3]={0,1,2,0,1,2,0,1,2},i,j,t=1;
    for (i=0;i<3;i++)
        for (j=i;j<=i;j++)
            t+=b[i][b[j][i]];
    printf("%d\n",t);
    return 0;
}
```

A）1   B）3   C）4   D）9

18. 以下程序运行后的输出结果是（　　　）。

```c
#include <stdio.h>
#include <string.h>
int main( )
{
    char a[20]="ABCD\0EFG\0",b[ ]="IJK";
    strcat(a,b);
    printf("%s\n",a);
    return 0;
}
```

A）ABCD\0EFG\0IJK   B）ABCDIJK

C）IJK   D）EFGIJK

19. 以下程序运行后的输出结果是（　　　）。

```c
#include <stdio.h>
int main( )
{
    char s[ ]={"012xy"};
    int i,n=0;
    for (i=0;s[i]!=0;i++)
        if (s[i]>='a'&&s[i]<='z')
            n++;
    printf("%d\n",n);
    return 0;
}
```

A）0   B）2   C）3   D）5

20. 以下程序运行后的输出结果是（　　　）。

```c
#include <stdio.h>
int main( )
```

```
    {
        char s[ ]="rstuv";
        printf("%c\n",*s+2);
        return 0;
    }
```

A）tuv

B）字符 t 的 ASCII 码值

C）t

D）编译出错

21. 以下程序运行后的输出结果是（　　　）。

```
    #include <stdio.h>
    #define N 8
    void fun(int *x,int i)
    {
        *x=*(x+i);
    }
    int main( )
    {
        int a[N]={1,2,3,4,5,6,7,8},i;
        fun(a,2);
        for (i=0;i<N/2;i++)
            printf("%d",a[i]);
        printf("\n");
        return 0;
    }
```

A）1313　　　　　　　B）2234　　　　　　　C）3234　　　　　　　D）1234

22. 执行以下语句后的输出结果为（　　　）。

```
    char s[ ]="12345",*ptr;
    ptr=s;
    printf("%c\n", *(ptr+3));
```

A）3　　　　　　　　　B）4　　　　　　　　　C）5　　　　　　　　　D）字符'4'的地址

23. 以下程序运行后的输出结果是（　　　）。

```
    #include <stdio.h>
    void fun(char *c,int d)
    {
        *c=*c+1;
        d=d-31;
        printf("%c,%c,", *c,d);
    }
    int main( )
    {
        char b='a',a='a';
        fun(&b,a);
        printf("%c,%c\n",b,a);
        return 0;
    }
```

A）b,B,b,a　　　　　　B）b,B,B,a　　　　　　C）a,B,B,a　　　　　　D）a,B,a,B

24. 以下程序的运行结果是（　　　）。

```
    #include <stdio.h>
    int main( )
    {
        char a[ ]="Language",b[ ]="programe";
        char *p1,*p2;
        int k;
        p1=a;p2=b;
        for (k=0;k<=7;k++)
```

```
        if (*(p1+k)==*(p2+k))
            printf("%c",*(p1+k));
        return 0;
    }
```

A）gae   B）ga   C）Language   D）有语法错误

25. fun 函数的功能是（   ）。

```
    void fun(char *a,char *b)
    {
        while ((*b=*a)!='\0')
        {
            a++;
            b++;
        }
    }
```

A）将指针 a 所指字符串赋值给指针 b 所指空间

B）使指针 b 指向指针 a 所指字符串

C）将指针 a 所指字符串和指针 b 所指字符串进行比较

D）检查指针 a 和指针 b 所指字符串中是否有'\0'

26. 以下程序的运行结果是（   ）。

```
    #include <stdio.h>
    int main( )
    {
        char *s={"ABC"};
        do
        {
            printf("%d",*s%10);
            s++;
        }while(*s);
        return 0;
    }
```

A）5670   B）656667   C）567   D）ABC

27. 以下程序的运行结果是（   ）。

```
    #include <stdio.h>
    #include <string.h>
    int main( )
    {
        char *s1="AbDeG";
        char *s2="AbdEg";
        s1+=2;
        s2+=2;
        printf("%d\n",strcmp(s1,s2));
        return 0;
    }
```

A）正数   B）负数   C）零   D）不确定的值

28. 以下程序运行后的输出结果是（   ）。

```
    #include <stdio.h>
    #include <string.h>
    int main( )
    {
        char str[ ][20]={"One*World","One*Dream!"},*p=str[1];
        printf("%d,",strlen(p));
        printf("%s\n",p);
        return 0;
```

```
        }
```
A）9,One*World   B）9,One*Dream!

C）10,One*Dream!   D）10,One*World

二、填空题

1．若有定义"int a[10];"，则 a 数组中首元素的地址可以表示为_____。

2．有初始化语句"int a[5]={1,2,3};"，则 a[2]+a[4]的值为_____。

3．若有定义"int a[ ][3]={1,2,3,4,5,6,7};"，则数组 a 第一维的大小是_____。

4．若二维数组 a 有 m 列，则在 a[i][j]前的元素个数为_____。

5．若用二维数组存放一个矩阵，则二维数组的第一维决定矩阵的_____，第二维决定矩阵的_____。

6．如果对二维数组的所有元素都赋初值，则数组的第_____维长度可以省略。

7．字符串用一维字符数组存储，它以_____作为结束标志。

8．字符串"ab\n\12\\\"""的长度是_____。

9．若有定义语句"char s[10]="1234567\0\0";"，则 strlen(s)的值为_____，sizeof(s)的值为_____。

10．如果要从键盘读入包含空格的字符串，应使用的输入函数是_____（只填函数名）。

11．函数"void swap(int x,int y);"可实现交换 x 和 y 的值。在主调函数中运行如下的语句后，a[0]的值为_____，a[1]的值为_____，原因是_____。
```
        int a[10]={1,2};
        swap(a[0],a[1]);
```

12．数组名作为函数参数时，是将实参数组的_____传递给形参。

13．若有下面的函数调用语句，请补充 fun 函数对形参的定义："void fun(_____ y);"。
```
        double x[10];
        …
        fun(x);
```

14．若有定义"float x[10];"，为了能让指针变量 p 指向 x 数组中的元素，则对 p 的定义形式应该是_____。

15．若有定义"float y[10],*p=&y[2];"，执行操作"p+=1;"后，则指针变量 p 实际上向前移动了_____个字节。

三、程序填空题

1．下列程序是用插入法对数组 a 进行降序排序，请填空。
```
        #include <stdio.h>
        int main( )
        {
            int a[5]={4,5,2,5,1};
            int i,j,m;
            for (i=1;i<5;i++)
            {
                m=a[i];
                for (j=_____;j>=0&&m>a[j];j—)
                    _____;
                _____=m;
            }
            for (i=0;i<5;i++)
                printf("%d ",a[i]);
            printf("\n");
```

```
        return 0;
    }
```

2. 以下程序是在 a 数组中查找值为 x 的元素所在的位置，请填空。

```c
#include <stdio.h>
int main( )
{
    int a[11],x,i;
    printf("Enter 10 integers:\n");
    for (i=1;i<=10;i++)
        scanf("%d",a+i);
    printf("Enter x:");
    scanf("%d",&x);
    *a=x;i=10;
    while ((x!=*(a+i))&&i>0)
        i--;
    if (_____)
        printf("%5d\'s position is: %d\n",x,i);
    else
        printf("%d not been found!\n",x);
    return 0;
}
```

3. 折半查找法的思路是：先确定待查元素的范围，将其分成两半，然后测试位于中点的元素的值。如果待查元素的值大于中点元素，就缩小待查范围，只测试中点之后的元素；反之，测试中点之前的元素，测试方法同前。函数 binary 的作用是应用折半查找法从存有 10 个整数的 a 数组中对关键字 m 进行查找，若找到，返回其下标值，反之则返回–1。

```c
int binary(int a[10],int m)
{
    int low=0,high=9,mid;
    while (low<=high)
    {
        mid=(low+high)/2;
        if (m<a[mid])
            _____;
        else if(m>a[mid])
            _____;
        else
            _____;
    }
    return(-1);
}
```

4. 下列程序的功能是检查一个二维数组是否对称（即对所有 i 和 j 都有 a[i][j]=a[j][i]），请填空。

```c
#include <stdio.h>
int main( )
{
    int a[4][4]={{1,2,3,4},{2,2,5,6},{3,5,3,7},{4,6,7,4}};
    int i,j,flag=0;
    for (i=0;i<4;i++)
        for (_____;j<4;j++)
            if (a[i][j]!=a[j][i])
            {
                _____;
                break;
            }
    if (flag==1)
        printf("No\n");
```

```
    else
        printf("Yes\n");
    return 0;
}
```

5．以下程序是求矩阵 **A** 和 **B** 的乘积，结果存入矩阵 **C** 中并按矩阵形式输出，请填空。

```
#include <stdio.h>
int main( )
{
    int a[3][2]={2,-1,-4,0,3,1};
    int b[2][2]={7,-9,-8,10};
    int i,j,k,s,c[3][2];
    for (i=0;i<3,i++)
        for (j=0;j<2;j++)
        {
            for (_____;k<2;k++)
                s+=_____;
            c[i][j]=s;
        }
    for (i=0;i<3;i++)
    {
        for (j=0;j<2;j++)
            printf("%6d",c[i][j]);
        _____;
    }
    return 0;
}
```

6．下列程序的功能是在一个字符数组中查找一个指定的字符，若数组中含有该字符则输出该字符在数组中第一次出现的位置（下标），否则输出-1，请填空。

```
#include <stdio.h>
#include <string.h>
int main( )
{
    char c='a',t[50];
    int n,i,k=-1;
    gets(t);
    n=_____;
    for (i=0;i<n;i++)
        if (_____)
        {
            k=i;
            break;
        }
    printf("%d\n",k);
    return 0;
}
```

7．以下 fun 函数的功能是，找出具有 N 个元素的一维数组中的最小值，并作为函数值返回，请填空。

```
#define N 10
int fun(int x[N])
{
    int i,k=0;
    for (i=0;i<N;i++)
```

```
          if (x[i]<x[k])
               k=_____;
     return x[k];
}
```

8. 以下程序执行后的输出结果是_____。

```
#include <stdio.h>
void fun(int *a)
{
     a[0]=a[1];
}
int main( )
{
     int a[5]={10,9,8,7,6},i;
     for (i=2;i>=0;i—)
          fun(&a[i]);
     for (i=0;i<5;i++)
          printf("%d",a[i]);
     printf("\n");
     return 0;
}
```

9. 函数 yanghui 能够按如图 4.1 所示形式构造一个杨辉三角形，请填空。

```
#define N 11
void yanghui(int a[ ][N])
{
     int i,j;
     for (i=1;i<N;i++)
     {
          a[i][1]=1;
          a[i][i]=1;
     }
     for (_____;i<N;i++)
          for (j=2;_____;j++)
               a[i][j]=_____+a[i−1][j];
}
```

```
1
1    1
1    2    1
1    3    3    1
1    4    6    4    1
1    5    10   10   5    1
......
```

图 4.1　杨辉三角形

10. 以下程序的功能是，借助指针变量找出数组元素中的最大值并输出，请填空。

```
#include <stdio.h>
int main( )
{
     int a[10], *p, *s;
     for (p=a;p−a<10;p++)
          scanf("%d",p);
     for (p=a,s=a;p−a<10;p++)
          if (*p>*s)
               s=_____;
     printf("max=%d\n",_____);
     return 0;
}
```

11. 以下程序的功能是将字符串 b 复制到字符数组 a 中，请填空。

```
#include <stdio.h>
void fun(char *s,char *t)
{
     while (_____)
          s++,t++;
}
int main( )
{
```

```
        char a[20],b[10];
        scanf("%s",b);
        fun(a,b);
        puts(a);
        return 0;
    }
```

12. 以下程序运行后输入：abcdef↙，则输出结果是_____。

```
    #include <stdio.h>
    #include <string.h>
    void fun(char *str)
    {
        char temp;
        int n,i;
        n=strlen(str);
        temp=str[n-1];
        for (i=n-1;i>0;i——)
                str[i]=str[i-1];
        str[0]=temp;
    }
    int main( )
    {
        char s[50];
        scanf("%s",s);
        fun(s);
        printf("%s\n",s);
        return 0;
    }
```

四、编程题

1. 输入 10 个整数，计算并输出它们的平均值与方差。其中，平均值和方差如下：

$$\overline{x} = \frac{1}{n}\sum_{i=1}^{n}x_i, \quad s = \sqrt{\frac{1}{n}\sum_{i=1}^{n}\left(x_i - \overline{x}\right)^2}$$

2. 有一个 3×4 的矩阵 A 和一个 4×5 的矩阵 B，计算矩阵 A、B 的乘积矩阵 C，并输出结果。

3. 从键盘输入 5 个国家名，按字母先后顺序输出各国家名。

4. 二分法又称为折半查找法，用于在一个有序的序列上查找指定的数。其基本思路是，先确定待查元素的范围，将其分成两半，然后测试中间位置元素的值，如果相等，则找到待查元素，如果待查元素的值大于中间元素，就缩小待查范围，只测试中间元素之后的元素，反之，测试中间元素之前的元素，测试方法同前。试编写函数 binary，应用折半查找法从存有 10 个整数的 a 数组中对关键字 k 进行查找，若找到，返回其下标值，反之，则返回-1。

5. 有一个数列，包含 20 个整数，编写函数，将从指定下标位置 m 开始的 n 个数按逆序存放。

6. 编写函数，将形参字符串中的全部大写字母变为小写字母。函数原型为：
    void strlow(字符串);

7. 有一个字符串 from，编写函数，将 from 中第 n 个字符开始的全部字符复制到字符串 to 中。

8. 编写函数：int fun(char *str,char ch)，其功能是：求出字符串 str 中指定字符 ch 的个数，并返回字符个数。例如，若输入字符串 str="abEF123112"，ch='1'，则输出 3。

9. 下列给定程序中，函数 fun 的功能是逆置数组元素中的值。例如，若数组 a 中的数据为：1,2,3,4,5,6,7,8,9，逆置后依次为：9,8,7,6,5,4,3,2,1。形参 n 给出数组中数据的个数。

请在横线处填入正确的内容，使程序得出正确的结果。

注意：部分源程序给出如下，不得增行或删行，也不得更改程序的结构。

```c
#include <stdio.h>
void fun(int a[ ],int n)
{
    int i,t;
/* * * * * * * * found * * * * * * * */
    for (i=0;i<___【1】___;i++)
    {
        t=a[i];
/* * * * * * * * found * * * * * * * */
        a[i]=a[n-1-___【2】___];
/* * * * * * * * found * * * * * * * */
        ___【3】___=t;
    }
}
int main( )
{
    int b[9]={1,2,3,4,5,6,7,8,9},i;
    printf("The original data:\n");
    for (i=0;i<9;i++)
        printf("%4d",b[i]);
    printf("\n");
    fun(b,9);
    printf("The data after invert:\n");
    for (i=0;i<9;i++)
        printf("%4d",b[i]);
    printf("\n");
    return 0;
}
```

10. 下列给定程序中，函数 fun 的功能是，用选择法对数组中的 *n* 个元素进行升序排列。请改正程序中的错误，使它能得出正确的结果。

注意：不要改动 main 函数，不得增行或删行，也不得更改程序的结构。

```c
#include <stdio.h>
#define N 20
void fun(int a[ ],int n)
{
    int i,j,t,p;
    for (j=0;j<n-1;j++)
    {
/* * * * * * * * found * * * * * * * */
        p=j
        for (i=j;i<n;i++)
            if (a[i]<a[p])
/* * * * * * * * found * * * * * * * */
                    p=j;
        t=a[p]; a[p]=a[j]; a[j]=t;
    }
}
int main( )
{
    int a[N]={9,8,7,6,5,4,3,2,1,0},i,m=10;
    printf("The original data:\n");
    for (i=0;i<m;i++)
        printf("%4d",a[i]);
    printf("\n");
```

```
            fun(a,m);
            printf("The data after sort:\n");
            for (i=0;i<m;i++)
                printf("%4d",a[i]);
            printf("\n");
            return 0;
        }
```

11. 编写函数 proc(int a[ ][M])，该函数的功能是实现 $B=A+A^{\mathrm{T}}$，即把矩阵 A 加上 A 的转置，存放在矩阵 B 中。计算结果在 main 函数中输出。例如，输入以下矩阵：

$$A=\begin{bmatrix} 1 & 1 & 1 \\ 4 & 4 & 4 \\ 7 & 7 & 7 \end{bmatrix}，其转置矩阵为：A^{\mathrm{T}}=\begin{bmatrix} 1 & 4 & 7 \\ 1 & 4 & 7 \\ 1 & 4 & 7 \end{bmatrix}，则程序输出：\begin{matrix} 2 & 5 & 8 \\ 5 & 8 & 11 \\ 8 & 11 & 14 \end{matrix}。$$

注意：部分源程序给出如下。请勿改动主函数 main 和其他函数中的任何内容，仅在 proc 函数的空白处填入所编写的若干语句。

```
        #include <stdio.h>
        #include <stdlib.h>
        void proc(int a[3][3],int b[3][3])
        {



        }
        int main( )
        {
            int a[3][3]={{1,1,1},{4,4,4},{7,7,7}},t[3][3];
            int i,j;
            proc(a,t);
            for (i=0;i<3;i++)
            {
                for (j=0;j<3;j++)
                    printf("%4d",t[i][j]);
                printf("\n");
            }
            return 0;
        }
```

12. 从键盘输入一组小写字母，保存在字符数组 str 中，请补充函数 proc。该函数的功能是，把字符数组 str 中 ASCII 码值为奇数的小写字母转换成对应的大写字母，结果仍保存在原数组中。例如，输入 "abcdefghi"，输出为 "AbCdEfGhI"。

注意：请勿改动主函数 main 和其他函数中的任何内容，仅在 proc 函数的空白处填入所编写的若干语句。部分源程序如下：

```
        #include <stdio.h>
        #define M 80
        void proc(char str[ ])
```

```
        {



        }
        int main( )
        {
            char str[M];
            printf("Input a string:\n");
            gets(str);
            printf("\n***original string***\n");
            puts(str);
            proc(str);
            printf("\n***new string***\n");
            puts(str);
            return 0;
        }
```

4.3　习题参考解答

一、选择题

1．D	2．C	3．C	4．D	5．D
6．B	7．A	8．C	9．D	10．B
11．A	12．B	13．A	14．D	15．C
16．B	17．C	18．B	19．B	20．C
21．C	22．B	23．A	24．A	25．A
26．C	27．B	28．C		

二、填空题

1．a 或 &a[0]

2．3

3．3

4．i*m+j

5．行数、列数

6．1

7．'\0'

8．6

9．7、10

10．gets

11．1、2、普通变量作为函数参数是单向值传递

12．首地址

13．double *

14. float *p;

15. 4

三、程序填空题

1．i−1、a[j+1]=a[j]、a[j+1]

2．i>0 或 i!=0

3．high=mid−1、low=mid+1、return(mid)

4．j=i+1 或 j=i、flag=1

5．k=0、a[i][k]*b[k][j]、printf("\n")

6．strlen(t)、c==t[i]

7．i

8．77776

9．i=3 或 i=2、j<i、a[i−1][j−1]

10．p、*s

11．*s=*t 或 (*s=*t)!='\0'

12．fabcde

四、编程题

1．分析：

本题涉及两个问题，计算平均值 $\bar{x}$ 及方差 s。由于在计算方差时需要用到平均值，所以应先计算出平均值。计算平均值的方法比较简单，先对这 n 个数求和，然后再除以 n 即可。计算方差的方法类似，通过循环对 $(x_i - \bar{x})^2$ 求和，再除以 n 并开平方，即可求得方差。

本题比较简单，存放 10 个整数可定义一个一维整型数组。程序中需要用到 3 个循环语句，第 1 个循环语句用于输入数组各元素的值，第 2 个循环语句用于对 10 个整数求和，以计算平均值。第 3 个循环语句用于对 $(x_i - \bar{x})^2$ 求和，以计算方差 s。对于这种循环次数明确的情况，一般使用 for 语句。

2．分析：

存放矩阵或行列式常用二维数组，以表示元素之间的行列关系。计算乘积矩阵 C 即依次计算 C 的每个元素 c[i][j]，根据数学知识，C 为 3×5 的矩阵，计算方法为：

$$c[i][j] = \sum_{k=1}^{4} \left(a[i][k]*b[k][j] \right)$$

即 $c[i][j]$ 的值等于矩阵 A 的第 i 行与矩阵 B 的第 j 列对应元素乘积之和。因此，本题需要一个 3 层循环嵌套，第 1 层循环表示矩阵 C 的行，使 i 的值从 0 到 2 变化，第 2 层循环表示矩阵 C 的列，使 j 的值从 0 到 4 变化，第 3 层循环用于计算元素 $c[i][j]$ 的值，使 k 的值从 0 到 3 变化。

3．分析：

每个国家名实际就是一个字符串，因此本题就是字符串的排序问题。存放 5 个字符串可定义一个 5 行的二维数组，每行存放一个国家名。排序时，使用选择法、冒泡法等都可以，具体方法此处不再赘述。注意，在比较字符串大小时需要使用库函数 strcmp，字符串赋值时需要使用库函数 strcpy。

4．分析：

根据二分法的解题思路，可以得到编写函数 binary 的算法如下：

① 确定查找范围：low=0，high=n−1。

② 计算中间元素的位置：mid=(low+high)/2。

③ 中间元素 a[mid] 与待查找的值 k 进行比较：

- 若 a[mid]==k，则找到，返回下标值 mid；
- 若 a[mid]>k，则说明 k 在数组的前半部分，令 high=mid−1；
- 若 a[mid]<k，则说明 k 在数组的后半部分，令 low=mid+1。

④ 重复步骤②、③，直到 low>high 时，说明该数组中没有数 k，返回−1。

在重复步骤时，应使用循环语句实现，由于循环次数不确定，因此使用 while 循环较好。

编写 binary 函数时，注意该函数有哪些参数、每个参数的类型，以及函数返回值的类型。

5．分析：

本题主要考查数组作为函数参数及数组元素逆序的方法。编写函数时，处理的数据均由主调函数作为参数传入，一般不在被调函数中输入数据，处理完毕后将计算结果返回主调函数。

定义函数时，形参可以定义成数组名或指针的形式。实现该函数时可以有两种思路：

① 把整个数组的首地址 a、逆序起始元素的下标 m 和逆序元素个数 n 作为实参传递到被调函数中，在被调函数中对下标为 m 到 $m+n-1$ 的元素逆序。

② 把逆序起始元素的地址 &a[m]、逆序元素个数 n 作为实参传递到被调函数中，在被调函数中对下标为 0 到 $n-1$ 的元素逆序。

数组元素逆序的方法比较简单，可参考教材相关内容，此处不再赘述。

6．分析：

本题考查字符数组（字符指针）作为函数参数的使用。在函数 strlow 中，通过循环语句，逐个字符进行判断，将其中的大写字母改为小写字母，其他字符保持不变。对于这种循环次数不确定的情况，一般使用 while 语句。

7．分析：

本题类似于第 5 题，字符串 from 的传递可采用两种思路，即把整个字符串的首地址或要复制的起始字符的地址作为实参传递到被调函数。复制字符时，使用循环语句，从起始位置开始，逐个字符复制即可，直到遇到'\0'，循环结束，并在字符串 to 的末尾加上'\0'。

8．分析：

本题已经给出函数原型，在函数 fun 中使用一个循环语句即可，逐个判断字符串 str 中的字符是否等于 ch，相等则计数。最后返回字符 ch 的出现次数。

9．分析：

本题是二级 C 语言上机考试填空题，要求考生根据题目中给出的函数功能在下划线处填空，将原来的下划线删除，使程序得到正确结果。并且不能改动 main 函数，不能增行或删行，也不能更改程序的结构。

由程序可知，本题考查：(1) for 循环语句。逆置数组元素中的值，需要将 a[0] 与 a[n−1] 交换，a[1] 与 a[n−2] 交换，……，a[i] 与 a[n−1−i] 交换。此题中 a[4] 不再需要交换，一共只需要交换 4 次，即 n/2 次。因此应填 n/2。(2) 变量交换算法。根据上面的分析，这里应该填 i。(3) 由于是变量交换，这里应填 a[n−1−i]。

10．分析：

本题是二级 C 语言上机考试改错题，要求考生根据题目中给出的函数功能来修改程序，得到正确结果。并且不能改动 main 函数，不能增行或删行，也不能更改程序的结构。

本题有两处错误，其一在第一个 found 行下方，赋值语句缺少分号，添上即可。第二处错误在第二个 found 行下方，变量 p 是用来记录值比 a[p] 更小的元素 a[i] 的下标，因此应被赋值为 i，而不是 j。

11．分析：

两个矩阵相加即把对应的元素相加。矩阵 A 转置后，转置矩阵 A^T 的元素 a[j][i]对应着原矩阵 A 中的元素 a[i][j]，因此在计算矩阵 B 的值时，不需要先求转置矩阵 A^T，直接将 a[i][j]与 a[j][i]相加即可。

12．分析：

转换字符时，只需逐个判断字符串中的字符，满足条件"ASCII 码值为奇数"和"是小写字母"时，减去 32 就可以转换成对应的大写字母，不满足条件则不转换，保持不变。

第 5 章　复杂构造数据类型

通过本章的学习，掌握使用结构体和共用体来描述具有多个不同类型属性的数据；使用枚举类型描述一些具有固定取值范围的变量，在应用中，它们同其他数据类型一样，也涉及对这种类型变量的定义、初始化和引用等；了解使用链表动态进行存储分配的方法。

5.1　知　识　要　点

在实际应用中，经常要处理复杂的数据对象，C 语言中除了基本的数据类型和数组外，还提供了复杂构造数据类型用以描述类型不同的数据对象。

1．结构体

（1）结构体类型的定义

结构体类型的定义形式为：

```
struct  结构体类型名
{
    类型标识符 1    成员名 1;
    类型标识符 2    成员名 2;
    ……
    类型标识符 n    成员名 n;
};
```

（2）结构体类型变量的定义

方法一：先定义结构体类型再定义结构体变量

```
struct  结构体类型名  变量名列表;
```

方法二：在定义结构体类型的同时定义变量

```
struct  结构体类型名
{
    类型标识符 1    成员名 1;
    类型标识符 2    成员名 2;
    ……
    类型标识符 n    成员名 n;
}变量名列表;
```

方法三：直接定义结构体类型变量

```
struct
{
    类型标识符 1    成员名 1;
    类型标识符 2    成员名 2;
    ……
    类型标识符 n    成员名 n;
}变量名列表;
```

① 结构体变量的各成员在内存中是按顺序连续存放的。

② 结构体变量在内存中占据的字节数是各个成员的长度之和。

③ 结构体类型可以嵌套定义，即结构体类型的成员也可以是结构体类型。

（3）结构体类型变量的引用

```
结构体变量名.成员名
```

说明：结构体变量通常不能整体使用，不能整体进行输入和输出，只能对单个成员分别引用。

（4）结构体类型变量的初始化

在定义结构体变量的同时，按顺序对每个成员进行初始化。

（5）结构体数组

结构体数组即基类型是结构体的数组，数组中的每个元素都是一个结构体变量。与其他类型的数组一样，对结构体数组可以进行初始化。

（6）结构体与指针

结构体变量的指针就是该结构体变量所占据的内存段的起始地址。定义一个指针变量，指向一个结构体变量，然后即可通过该指针变量来使用该结构体变量。结构体指针变量也可以指向结构体数组中的元素。

假设已经定义结构体指针 p，用该指针引用结构体成员可以写成以下两种形式：

(*p).成员名　或　p->成员名

（7）结构体与函数

① 用结构体类型的变量作为参数，同样是"值传递"方式，即把实参结构体变量的值传递给形参结构体变量。

② 用指向结构体变量的指针作为实参，将结构体变量（或数组）的地址传递给形参。同样是"值传递"方式，只不过这个值是一个结构体变量的地址，而不是变量的值。

③ 用结构体变量的成员分别作实参，用法与普通变量作为实参相同。

2．共用体

（1）共用体类型的定义

共用体类型的定义形式为：

```
union  共用体类型名
{
    类型标识符 1    成员名 1;
    类型标识符 2    成员名 2;
    ……
    类型标识符 n    成员名 n;
};
```

（2）共用体变量的定义

和结构体变量的定义类似，有 3 种形式。

（3）共用体变量的引用

对于共用体变量，只能引用它的成员，不能引用共用体变量本身，这是与结构体变量不同的地方。

3．枚举类型

（1）枚举类型和枚举变量的定义形式：

```
enum  枚举类型名{枚举元素 1,枚举元素 2,……,枚举元素 n};
enum  枚举类型名  变量列表;
```

（2）枚举类型变量的引用

枚举变量的引用与普通变量是一样的，但要注意枚举变量的取值不能超出所罗列的枚举常量的范围。

① C 语言中枚举元素按常量处理，它们是有值的。它们的值是系统按其定义顺序自动赋予的 0,1,2,3,4,…。

② 枚举元素的值也可以改变，但必须在定义时指定。

③ 枚举元素是常量，不是变量，不能在定义以外的任何位置对它们赋值。

④ 枚举变量取值只能是所列举的枚举元素，而不能直接赋予一个整数值。

4．链表

链表是一种常见的数据结构，它根据实际需要动态地开辟内存单元。链表中的每一个元素称为结点，每个结点包括两部分：一是用户存储的数据；二是指针，用于存放下一个结点的地址。

每个链表都有一个头结点 head 和一个表尾。head 是访问整个链表的开始，指向第一个实际结点；尾结点的指针为 NULL，表示结束。

链表中的每个结点占有的内存单元可以不连续，由上一个结点中的指针值找到下一个结点，从而形成一个链的形式。

链表结点由结构体类型定义，成员中必须有一个指针变量，用来指向下一个结点。

5.2　习　　题

一、选择题

1．以下程序在 Visual C++ 6.0 环境下的运行结果是（　　　）。

```c
#include <stdio.h>
int main( )
{
    struct date
    {
        int y,m,d;
    }today;
    printf("%d\n", sizeof(struct date));
    return 0;
}
```
　　A）12　　　　　　　　　B）3　　　　　　　　　C）6　　　　　　　　　D）出错

2．根据下面的定义，能打印出字母 M 的语句是（　　　）。

```c
struct person{char name[9]; int age;};
struct person class[10]={"John",17,"Paul",19,"Mary",18,"Adam",16};
```
　　A）printf("%c\n",class[3].name);　　　　　B）printf("%c\n",class[3].name[1]);

　　C）printf("%c\n",class[2].name[1]);　　　　D）printf("%c\n",class[2].name[0]);

3．已知学生记录描述如下，下面对于结构体成员 computer 的赋值方式正确的是（　　　）。

```c
struct student
{
    int num;
    char name[8];
    struct
    {
        float math;
        float english;
        float computer;
    }mark;
}std;
```
　　A）student.computer=84;　　　　　　　　B）mark.computer=84;

　　C）std.mark.computer=84;　　　　　　　　D）std.computer=84;

4．以下对共用体类型数据的叙述正确的是（　　　）。

　　A）可以对共用体变量名直接赋值

　　B）一个共用体变量中可以同时存放其所有成员

　　C）一个共用体变量中不能同时存放其所有成员

　　D）共用体类型定义中不能出现结构体类型的成员

5．以下程序在 Visual C++ 6.0 环境下的运行结果是（　　　）。

```
#include <stdio.h>
int main( )
{
    union tt
    {
        int a;
        int b;
        char c;
        struct d
        {
            int x;
            int y;
        }ss;
    }m;
    printf("%d\n",sizeof(m));
    return 0;
}
```

　　A）2　　　　　　　　B）4　　　　　　　　C）6　　　　　　　　D）8

6．设有定义"enum color{red=4,green,white=red+green};"，则执行下列语句后的输出结果是（　　　）。

```
printf("%d %d %d\n", red,green,white);
```

　　A）4 5 9　　　　　　B）4 1 5　　　　　C）0 1 2　　　　　D）0 1 1

7．C 语言中，结构体类型变量在程序运行期间（　　　）。

　　A）成员有时驻留在内存中，有时驻留在外存中

　　B）所有的成员一直驻留在内存中

　　C）只有最开始的成员驻留在内存中

　　D）部分成员驻留在内存中

8．下列各数据类型不属于构造类型的是（　　　）。

　　A）枚举类型　　　　B）共用体类型　　　　C）结构体类型　　　　D）数组

9．已知有如下定义：

```
struct a
{
    char x;
    double y;
}data,*t;
```

若执行语句"t=&data;"，则对 data 中的成员引用正确的是（　　　）。

　　A）(*t).data.x　　B）(*t).x　　　　　C）t->data.x　　　　D）t.data.x

10．设有如下定义：

```
struck sk
{
    int a;
    float b;
}data;
```

```
        int *p;
```
若要使 p 指向 data 中的 a 域，正确的赋值语句是（　　　）。

  A）p=&a;　　　　　　B）p=data.a;　　　　　　C）p=&data.a;　　　D）*p=data.a;

11．运行以下程序的输出结果是（　　　）。

```
        #include <stdio.h>
        struct st
        {
            int x; int *y;
        }*p;
        int dt[4]={10,20,30,40};
        struct st aa[4]={50,&dt[0],60,&dt[0],60,&dt[0],60,&dt[0]};
        int main( )
        {
            p=aa;
            printf("%d\n",++(p->x));
            return 0;
        }
```

  A）10　　　　　　　　B）11　　　　　　　　C）51　　　　　　　　D）60

12．以下程序运行后的输出结果是（　　　）。

```
        #include <stdio.h>
        union pw
        {
            int i;
            char ch[2];
        }a;
        int main( )
        {
            a.ch[0]=13;
            a.ch[1]=0;
            printf("%d\n",a.i);
            return 0;
        }
```

  A）13　　　　　　　　B）14　　　　　　　　C）208　　　　　　　D）209

13．运行下列程序的输出结果是（　　　）。

```
        #include <stdio.h>
        struct abc
        {
            int a,b,c,s;
        };
        int main( )
        {
            struct abc s[2]={{1,2,3},{4,5,6}};
            int t;
            t=s[0].a+s[1].b;
            printf("%d\n",t);
            return 0;
        }
```

  A）5　　　　　　　　　B）6　　　　　　　　　C）7　　　　　　　　　D）8

　　14．有以下结构体说明和变量的定义，且指针 p 指向变量 a，指针 q 指向变量 b，则不能把结点 b 连接到结点 a 之后的语句是（　　　）。

```
        struct node
        {
            char data;
```

```
        struct node *next;
    }a,b, *p=&a, *q=&b;
```

　A）a.next=q;　　　　　　B）p.next=&b;　　　　　　C）p->next=&b;　　　　　D）(*p).next=q;

15. 以下程序运行后的输出结果是（　　　　）。

```
#include <stdio.h>
struct STU
{
    char num[10];
    float score[3];
};
int main( )
{
    struct STU s[3]={{"20021",90,95,85},{"20022",95,80,75},{"20023",100,95,90}},*p=s;
    int i;
    float sum=0;
    for (i=0;i<3;i++)
        sum=sum+p->score[i];
    printf("%.2f\n",sum);
    return 0;
}
```

　A）260.00　　　　　　　B）270.00　　　　　　　C）280.00　　　　　　　D）285.00

16. 以下程序运行后的输出结果是（　　　　）。

```
#include <stdio.h>
#include <stdlib.h>
struct NODE
{
    int num;
    struct NODE *next;
};
int main( )
{
    struct NODE *p,*q,*r;
    p=(struct NODE*)malloc(sizeof(struct NODE));
    q=(struct NODE*)malloc(sizeof(struct NODE));
    r=(struct NODE*)malloc(sizeof(struct NODE));
    p->num=10; q->num=20; r->num=30;
    p->next=q; q->next=r;
    printf("%d\n",p->num+q->next->num);
    return 0;
}
```

　A）10　　　　　　　　　B）20　　　　　　　　　C）30　　　　　　　　　D）40

17. 阅读如下程序段，则程序执行后的输出结果是（　　　　）。

```
#include <stdio.h>
int main( )
{
    struct a
    {
        int x;
        int y;
    }num[2]={{20,5},{6,7}};
    printf("%d\n",num[0].x/num[0].y*num[1].y);
    return 0;
}
```

A）0　　　　　　　　B）28　　　　　　　　C）20　　　　　　　　D）5

二、填空题

1. 若要处理的对象包含不同类型的数据，则可以根据需要定义一个_____类型，把这些不同类型的数据组合到一起。

2. 定义一个结构体类型时，在右大括号"}"后面必须有一个_____。

3. 若有下面的结构体类型，请完成结构体数组 stu 及指向该结构体类型的指针变量 p 的定义：

```
struct student
{
    int num;
    char name[20];
    float score[5];
};
_____ stu[30],*p;
```

4. 上题中，若要给 stu[3]的成员 score[2]赋值为 98，请写出赋值语句_____。

5. 第 3 题中，为使 p 指向 stu[0]，则应执行的操作为_____。

6. 若有第 5 题的操作，为了通过 p 访问 stu[0]的成员 num，其形式为_____。

7. 为使各个成员从同一个内存单元开始存放数据，则应该定义为_____类型。

8. 如果给一个共用体变量的不同成员赋值，则共用体变量中存放的是_____。

9. 定义一个枚举类型时，若没有给第一个元素赋值，其值默认为_____。

10. 若要使用下面的结构体类型建立链表，请补充成员 next 的定义。

```
struct student
{
    int num;
    char name[20];
    _____ next;
};
```

三、程序填空题

1. 下列程序运行后的输出结果为_____。

```c
#include <stdio.h>
struct ty
{
    int data;
    char c;
};
void fun(struct ty b)
{
    b.data=20;
    b.c='y';
}
int main( )
{
    struct ty a={30,'x'};
    fun(a);
    printf("%d%c\n",a.data,a.c);
    return 0;
}
```

2. 下面函数的功能是，将指针 t2 所指向的线性链表连接到 t1 所指向的链表的末端。假定 t1 所指向的链表非空。

```
struct node
```

```
    {
        float x;
        struct node *next;
    };
    void connect(struct node *t1, struct node *t2)
    {
        if (t1->next==NULL)
            t1->next=t2;
        else
            connect(_____,t2);
    }
```

四、编程题

1. 现有通讯记录包括编号、姓名、性别、出生年月日、联系方式，具体结构如下：

no	name	sex	birthday			contactinfo	
			year	month	day	phonenum	Email
1	Yang Lin	F	1990	5	23	053187223354	
2	Wang Peng	M	1992	6	11		wp7788@163.com
3	Zhang Fan	F	1991	8	3	13677489953	

　　要求定义一个结构体类型用来存放通讯记录信息，并编程实现表格中数据的输入和输出，其中每条信息的联系方式（contactinfo）要求只能是电话号码（phonenum）或者电子信箱（Email），二者只取其一。

　　2. 定义结构体类型 struct student，存储 3 个学生的信息（包括学号、姓名、3 门课程成绩），从键盘输入 3 个学生的数据，计算并输出每门课程的最高分和最高分学生的学号。要求程序执行时按下列方式输入数据：

　　　　请输入第 1 个学生的资料：
　　　　学号：009↙
　　　　姓名：张三↙
　　　　英语课成绩：98↙
　　　　数学课成绩：67↙
　　　　历史课成绩：87↙
　　　　请输入第 2 个学生的资料：
　　　　学号：005↙
　　　　姓名：李四↙
　　　　英语课成绩：92↙
　　　　数学课成绩：87↙
　　　　历史课成绩：80↙
　　　　请输入第 3 个学生的资料：
　　　　学号：016↙
　　　　姓名：王五↙
　　　　英语课成绩：88↙
　　　　数学课成绩：90↙
　　　　历史课成绩：67↙
　　按下列方式输出结果：
　　　　英语课最高分：98　学号：009
　　　　数学课最高分：90　学号：016
　　　　历史课最高分：87　学号：009

3．在上题中，编写函数 inputinfo 输入 3 名学生的信息，outputinfo 输出 3 名学生的信息，要求使用数组名作为函数参数。在主函数中分别调用上述两个函数实现程序的功能。数据输入方式同上题，数据输出方式如下：

```
学号       姓名      语文      数学      英语
=*=*=*=*=*=*=*=*=*=*=*=*=*=*=*=*=*=*=*
009       张三       98       67       87
=*=*=*=*=*=*=*=*=*=*=*=*=*=*=*=*=*=*=*
005       李四       92       87       80
=*=*=*=*=*=*=*=*=*=*=*=*=*=*=*=*=*=*=*
016       王五       88       90       67
```

4．在题 3 中，增加一个函数 average，使用指针作为函数参数，分别求每个学生 3 门课的平均分，并重新编写 outputinfo 函数，在输出信息中增加每个学生 3 门课的平均分。

5．定义一个结构体类型 struct student，用来存放学生信息（学号、姓名、性别、总分），编写函数 inputstu 读入 n 个学生的信息，函数 countstu 计算 n 个学生中男生人数 mn 和女生人数 fn，函数 sortstu 按照学生的总分从低到高的顺序对学生排序，函数 outputstu 用来输出排序后的学生信息。要求在主函数中输入学生人数 n，输出男生人数 mn 和女生人数 fn，并按顺序输出排序后的学生信息。

5.3 习题参考解答

一、选择题

1. A	2. D	3. C	4. C	5. D
6. A	7. B	8. A	9. B	10. C
11. C	12. A	13. B	14. B	15. B
16. D	17. B			

二、填空题

1．结构体

2．分号

3．struct student

4．stu[3].score[2]=98

5．p=stu 或 p=&stu[0]

6．(*p).num 或 p->num

7．共用体

8．最后一个成员的值

9．0

10．struct student *

三、程序填空题

1．30x

2．t1->next

四、编程题

1．分析：

本题考查结构体类型的定义及不同类型成员数据的输入和输出。根据题目要求，要定义一个结构体类型来存放通讯录信息，包括 5 个成员，其中 birthday 由于包括 year、month 和 day 三个分量，所以需要定义成一个结构体变量；成员 contactinfo 应定义成一个共用体变量，它的成员 phonenum 和 Email 都应定义成字符数组，但是长度不同。所以整个结构体类型的成员包括整型、字符型、字符数组、结构体和共用体。整个通讯录信息要用结构体数组来存放。输入和输出时注意结构体类型的变量不能整体输入、输出，必须逐个输入、输出其成员。

2．分析：

① 定义结构体类型 struct student 时，注意要存放 "009" 这样的数据，因此学号应定义为字符数组；② 学生信息用 struct student 类型的结构体数组存放，作为其成员的 3 门课程成绩也应定义为数组，因此，输入、输出时应使用双重循环；③ 题目给出了明确的输入、输出数据的格式，因此在编程时应注意加上相应的提示性语句。

3．分析：

本题考查结构体数组作为函数参数。由于用来存放学生信息的结构体类型在主函数和两个自定义函数中都要用到，所以应把结构体类型的定义放在程序的最前面。

4．分析：

在不同的函数之间传递结构体数据，高效的方法是传递结构体指针。本题可定义一个指向结构体类型的指针变量 p 作为自定义函数 average 的形参，在主函数中调用自定义函数时，把存储学生信息的结构体数组的地址作为实参，调用时，将该地址传递给形参 p，这样 p 就指向结构体数组。此题中指针对结构体成员的引用方式可以采用：p–>成员名。

5．分析：

① 由于学生人数 n 要求在主函数中输入，所以 n 在本题的每个函数中都将作为参数出现；② 在定义 countstu 函数时，由于函数调用后求得的两个数据 mn 和 fn 要求在主函数中输出，所以要用指针作为函数参数；③ 相同类型的结构体变量之间可以整体赋值，所以函数 sortstu 可以采用冒泡法等常用排序算法来实现。

第 6 章　磁盘数据存储

通过本章的学习，掌握文件读写的步骤，打开文件函数和关闭文件函数的使用方法；掌握常用文件读写函数的使用，注意针对文本文件和二进制文件的读写函数不同；掌握文件操作的相关函数，如文件位置指针控制函数和读写检测函数等。

6.1　知 识 要 点

1. 将数据写入文件

文件操作的步骤：

（1）定义文件类型指针

格式：FILE *指针变量名;

说明：

① 只有通过文件指针变量才能调用相应的文件。

② 文件类型 FILE 在头文件 stdio.h 中声明，使用时必须包含头文件，同时 FILE 必须大写。

（2）打开文件

fopen 函数的格式为：

FILE *fopen(文件名,打开方式);

返回值：若打开文件成功，则返回指向该文件的指针，否则返回 NULL。

说明：打开方式是指对哪种文件（文本文件或二进制文件）进行什么操作（读、写、追加、既读又写）。具体的打开方式参见主教材。

文件打开后才能进行读写操作，因此为了判断是否成功的打开了文件，常用下列方法打开文件：

```
fp=fopen("score.txt","r");            //以只读方式打开文本文件 score.txt
if (fp==NULL)                         //判断是否打开成功
{
    printf("Cannot open score.txt!\n");
    exit(0);                          //结束程序的运行，使用该函数需包含头文件 stdlib.h
}
```

或：

```
if ((fp=fopen("score.txt","r"))==NULL)
{
    printf("Cannot open score.txt!\n");
    exit(0);
}
```

（3）对文件读/写

对文件进行读/写，是文件操作的最终目的，因此这是最关键的一步。根据文件的类型、打开方式及操作不同，需要使用不同的文件读/写函数。

（4）关闭文件

文件使用完毕后必须关闭，才能彻底的将文件缓冲区中的数据写入文件，并释放系统分配的文件缓冲区。关闭后文件指针变量不再指向该文件（此后不能再通过该指针对文件进行读/写操作）。

① fclose 函数的格式：

格式：int fclose(FILE *fp);

返回值：若正常关闭文件，返回 0；若关闭失败，返回非 0。

② feof 函数

格式：int feof(FILE *fp);

作用：检测 fp 所指向文件的文件位置指针是否已经到了文件尾部，即文件是否已经结束。

返回值：非 0 表示已到文件尾部，0 表示未到文件尾部。

文件读写过程中，往往要判断文件位置指针是否已经到了文件尾部，未到文件尾部则继续对文件进行操作。因此，常用以下方法：

```
while (!feof(fp))        //fp 指向的文件中的位置指针未到文件尾部则继续循环（继续读/写文件）
{
    ......
}
```

2．文件读/写函数分类

（1）字符读/写函数

① fputc 函数

格式：int fputc(char ch,FILE *fp);

作用：将 ch 中的字符输出到 fp 所指向的文件中。

返回值：输出成功则返回所输出的字符，失败则返回 EOF。

通常，fputc 函数用于往文本文件中写入一个字符。

② fgetc 函数

格式：int fgetc(FILE *fp);

作用：从 fp 所指向的文件中读一个字符。

返回值：返回所读的字符。如果发生错误或读到文件结束符，则返回 EOF。

（2）字符串读/写函数

① fgets 函数

格式：char *fgets(char *str,int n,FILE *fp);

其中，str 是字符数组名或指向某个字符串的指针变量，n 是一个整数值，fp 是文件指针变量。

作用：从 fp 所指向的文件中最多读 n–1 个字符，将它们存放到 str 为起始地址的内存单元中，并在其后自动加一个'\0'。如果读入 n–1 个字符前遇到换行符或文件结束符 EOF，则读入结束。

返回值：成功返回字符串首地址（即 str），失败返回 NULL。

② fputs 函数

格式：int fputs(char *str,FILE *fp);

其中，str 是输出字符串的首地址，可以是字符串常量、字符数组名或指向字符串的指针变量。

作用：将 str 为首地址的字符串写到 fp 所指向的文件中，'\0'不写入。

返回值：成功返回 0，出错返回非 0 值。

（3）"数据块"读/写函数

格式：int fread(void *buffer,int size,int count,FILE *fp);
　　　　int fwrite(void *buffer,int size,int count,FILE *fp);

其中：

① buffer 是一个地址，通常是一个数组名。对 fread，是从文件中读取的数据要存放的存储区的首地址；对 fwrite，是向文件中写入的数据内存单元首地址。

② size 是要读/写的每个数据项所占用的字节数。

③ count 是要读/写的数据项的个数。

④ fp 是文件指针变量。

作用： 对 fp 指向的文件读/写 count 个大小为 size 的数据项。

注意： fread、fwrite 函数操作的对象是二进制文件，必须采用二进制方式打开文件。

（4）格式化输入/输出函数

格式： fprintf(文件指针变量, 格式字符串, 输出表列);

　　　　 fscanf(文件指针变量, 格式字符串, 地址表列);

说明： fprintf 和 fscanf 函数的使用方法与 printf 和 scanf 函数类似，只是多了一个参数—文件指针变量，该参数用来指出向哪个文件写数据或从哪个文件读数据。

3．文件定位函数

（1）位置指针复位函数 rewind

格式： void rewind(FILE *fp);

作用： 使文件位置指针重新返回文件的开头。

返回值： 无。

（2）位置指针随机移动函数 fseek

格式： int fseek(FILE *fp, long offset, int base);

作用： 将 fp 所指向文件的位置指针，移到以 base 所指的位置为起始点、以 offset 为位移量的位置，同时清除文件结束标志。

返回值： 定位成功则返回非 0，否则返回 0。

说明：

① 起始点 base 可以是 SEEK_SET、SEEK_CUR 和 SEEK_END 三个符号常量，其值分别为 0、1 和 2，分别表示文件开始、当前位置和文件末尾。

② 位移量 offset 表示以起始点为基准，向前或向后移动的字节数（为正表示向文件尾部的方向移动，为负则表示向文件头部的方向移动）；要求在数字后面加一个字母 L 或 l，表示是长整型数。

（3）求文件位置指针当前位置的函数 ftell

格式： long ftell(FILE *fp);

功能： 得到文件位置指针的当前位置（相对于文件开头偏移的字节数）。

返回值： 成功则返回文件位置指针当前的位置（相对于文件头的偏移量），出错则返回–1L。

6.2　习　　题

一、选择题

1．下列关于 C 语言文件的叙述中正确的是（　　）。

　　A）文件由一系列数据依次排列组成，只能构成二进制文件

　　B）文件由结构序列组成，可以构成二进制文件或文本文件

　　C）文件由数据序列组成，可以构成二进制文件或文本文件

　　D）文件由字符序列组成，只能是文本文件

2．若用 fopen 打开一个新的二进制文件，要求文件既能读又能写，则应使用的打开方式是（　　）。

　　A）"wb+"　　　　　　B）"r+"　　　　　　C）"rb+"　　　　　　D）"ab+"

3．当正常执行了文件关闭操作时，fclose 函数的返回值是（　　）。

　　A）−1　　　　　　B）随机值　　　　　　C）0　　　　　　D）1

4．若有定义"FILE *fp;"，则 fp 指向的文件的位置指针未到文件尾部时，feof(fp)函数的返回值是（　　）。

　　A）EOF　　　　　　B）0　　　　　　C）1　　　　　　D）非 0 值

5．函数"rewind(fp)"的作用是使文件位置指针（　　）。

　　A）重新返回文件的开头　　　　　　　B）返回到前一个数据的位置

　　C）指向文件的末尾　　　　　　　　　D）移至下一个数据的位置

6．下列与函数"fseek(fp,0L,SEEK_SET)"作用相同的是（　　）。

　　A）feof(fp)　　　　　B）ftell(fp)　　　　　C）fgetc(fp)　　　　　D）rewind(fp)

7．有下列程序：
```
#include <stdio.h>
void WriteStr(char *fn,char *str)
{
    FILE *fp;
    fp=fopen(fn,"w");
    fputs(str,fp);
    fclose(fp);
}
int main( )
{
    WriteStr("t1.dat","start");
    WriteStr("t1.dat","end");
    return 0;
}
```
程序运行后，文件 t1.dat 中的内容是（　　）。

　　A）start　　　　　　B）end　　　　　　C）startend　　　　　　D）endrt

8．以下程序运行后的输出结果是（　　）。
```
#include <stdio.h>
int main( )
{
    FILE *fp;
    char str[20];
    fp=fopen("myfile.dat","w");
    fputs("abc",fp);
    fclose(fp);
    fopen("myfile.dat","a+");
    fprintf(fp,"%d",28);
    rewind(fp);
    fscanf(fp,"%s",str);
    puts(str);
    fclose(fp);
    return 0;
}
```
　　A）abc　　　　　　B）28c　　　　　　C）abc28　　　　　　D）因类型不一致而出错

9. 下列程序运行后的输出结果是（　　　）。

```
#include <stdio.h>
int main( )
{
    FILE *fp;
    int k,n,a[6]={1,2,3,4,5,6};
    fp=fopen("d2.dat","w");
    fprintf(fp,"%d%d%d\n",a[0],a[1],a[2]);
    fprintf(fp,"%d%d%d\n",a[3],a[4],a[5]);
    fclose(fp);
    fp=fopen("d2.dat","r");
    fscanf(fp,"%d%d",&k,&n);
    printf("%d%d\n",k,n);
    fclose(fp);
    return 0;
}
```

A）12　　　　　　　B）14　　　　　　　C）1234　　　　　　　D）123456

10. 以下程序执行后，abc.dat 文件的内容是（　　　）。

```
#include <stdio.h>
int main( )
{
    FILE *pf;
    char *s1="China",*s2="Beijing";
    pf=fopen("abc.dat","wb+");
    fwrite(s2,7,1,pf);
    rewind(pf);                    // 文件位置指针回到文件开头
    fwrite(s1,5,1,pf);
    fclose(pf);
    return 0;
}
```

A）China　　　　　B）Chinang　　　　　C）ChinaBeijing　　　　D）BeijingChina

11. 有下列程序：

```
#include <stdio.h>
int main( )
{
    FILE *fp;
    int a[10]={1,2,3,0,0},i;
    fp=fopen("d2.dat","wb");
    fwrite(a,sizeof(int),5,fp);
    fwrite(a,sizeof(int),5,fp);
    fclose(fp);
    fp=fopen("d2.dat","rb");
    fread(a,sizeof(int),10,fp);
    fclose(fp);
    for (i=0;i<10;i++)
        printf("%d,",a[i]);
    return 0;
}
```

程序的运行结果是（　　　）。

A）1,2,3,0,0,0,0,0,0,0,　　　　　　　B）1,2,3,1,2,3,0,0,0,0,

C）123,0,0,0,0,123,0,0,0,0,　　　　　D）1,2,3,0,0,1,2,3,0,0,

12. 若文件能正常打开，则执行下列程序后，test.txt 文件的内容是（　　　）。

```
#include <stdio.h>
```

```
#include <stdlib.h>
int main( )
{
    FILE *fp;
    char *s1="Fortran",*s2="Basic";
    if ((fp=fopen("test.txt","wb"))==NULL)
    {
        printf("Can\'t open test.txt file.\n");
        exit(1);
    }
    fwrite(s1,7,1,fp);          // 把从地址 s1 开始的 7 个字符写到 fp 所指文件中
    fseek(fp,0L,SEEK_SET);      // 文件位置指针移到文件开头
    fwrite(s2,5,1,fp);
    fclose(fp);
    return 0;
}
```

A）Basican   B）BasicFortran   C）Basic   D）FortranBasic

二、填空题

1. 在 C 语言中，若文件的存取是以字节为单位，这种文件被称为_____文件。

2. 访问文件时，定义的指针变量类型为_____。

3. 文件访问结束后，关闭文件使用的函数是_____（只写函数名）。

4. 对 fp 指向的文件读写过程中，需要不断的判断是否已到文件尾部，请填空。
```
while (_____)
{
    ......
}
```

5. 若要从 fp 所指向的文本文件中读出一个字符，存放到 char 型变量 ch 中，则该语句为_____。

6. 当 fputc 函数往文件中写入字符失败时，返回值为_____。

7. 能一次从文本文件中读出一个字符串的函数是_____。

8. 下面的程序段要从 fp 所指向的二进制文件中读出 20 个整数存放到数组 a 中，请填空。
```
int a[20];
fread(_____,_____,20,fp);
```

三、程序填空题

1. 以下程序打开新文件 f.txt，并调用字符输出函数将 a 数组中的字符写入其中，请填空。
```
#include <stdio.h>
int main( )
{
    _____ *fp;
    char a[5]={'1','2','3','4','5'},i;
    fp=fopen("f.txt","w");
    for (i=0;i<5;i++)
        fputc(a[i],fp);
    fclose(fp);
    return 0;
}
```

2. 以下程序用来判断指定文件是否能正常打开，请填空。
```
#include <stdio.h>
```

```
int main( )
{
    FILE *fp;
    if ((fp=fopen("test.txt","r"))==_____)
        printf("未能打开文件!");
    else
        printf("文件打开成功!");
    fclose(fp);
    return 0;
}
```

3. 以下程序从名为 filea.dat 的文本文件中逐个读入字符并显示在屏幕上，请填空。

```
#include <stdio.h>
int main( )
{
    FILE *fp;
    char ch;
    fp=fopen(_____);
    ch=fgetc(fp);
    while (!feof(fp))
    {
        putchar(ch);
        ch=fgetc(fp);
    }
    putchar('\n');
    fclose(fp);
    return 0;
}
```

4. 以下程序用以统计文件中小写字母'a'的个数，请填空。

```
#include <stdio.h>
#include <stdlib.h>
int main( )
{
    FILE *fp;
    char ch;
    int n=0;
    if ((fp=fopen("letter.txt","r"))==NULL)
    {
        printf("Cannot open letter.txt.\n");
        exit(0);
    }
    while (_____)
    {
        ch=_____;
        if (ch=='a')
            _____;
    }
    printf("n=%d\n",n);
    fclose(fp);
    return 0;
}
```

5. 以下程序的功能是将文本文件 a.c 的内容复制到文本文件 b.c 中，假定每行不超过 80 个字符，请填空。

```
#include <stdio.h>
int main( )
{
    FILE *fp1,*fp2;
    char str[85];
    fp1=fopen("a.c","r");
    fp2=fopen(_____);
    while (!feof(fp1))
    {
        fgets(_____);
        fputs(str,_____);
    }
    fclose(fp1);
    fclose(fp2);
    return 0;
}
```

6. 设文件 num.dat 中存放了一组整数。以下程序实现统计并输出文件中正整数、零、负整数的个数，请填空。

```
#include <stdio.h>
int main( )
{
    FILE *fp;
    int a=0,b=0,c=0,temp;
    fp=fopen("num.dat","rb");
    if (fp==NULL)
        printf("File not found!\n");
    else
    {
        while (!feof(fp))
        {
            fscanf(_____);
            if (temp>0)
                a++;
            else if(temp<0)
                b++;
            else
                _____;
        }
    }
    fclose(fp);
    printf("positive=%d,negative=%d,zero=%d\n",a,b,c);
    return 0;
}
```

四、编程题

1. 在 D:\Test 文件夹中有文本文件 a.txt，其中存放了一个字符串，统计并输出该文件中的字符个数。

2. 从键盘输入 5 个学生的信息，包括：学号、姓名和 C 语言课成绩，并存入 D:\stuInfo.dat 文件中。

3．从上题生成的 stuInfo.dat 文件中，读出 5 个学生的信息，按 C 语言课程成绩降序排序后输出，并将排序结果存入另一个文件 D:\stuSort.dat 中。

4．从上题生成的 stuSort.dat 文件中，删除 C 语言成绩大于等于 80 且小于 90 分的学生信息，其余学生信息仍存放在 stuSort.dat 文件中。

6.3　习题参考解答

一、选择题

1．C　　　　2．A　　　　3．C　　　　4．B　　　　5．A

6．D　　　　7．B　　　　8．C　　　　9．D　　　　10．B

11．D　　　　12．A

二、填空题

1．文本文件（ASCII 码文件）

2．FILE

3．fclose

4．!feof(fp)

5．ch=fgetc(fp);

6．EOF 或–1

7．fgets

8．a 或&a[0]、sizeof(int)

三、程序填空题

1．FILE

2．NULL

3．"filea.dat","r"

4．!feof(fp)、fgetc(fp)、n++

5．"b.c","w"、str,80,fp1、fp2

6．fp,"%d",&temp、c++

四、编程题

1．分析：

从题意可以看出，a.txt 是一个已经存在的文本文件，只需从中读取字符，不需要写入，因此用"r"方式打开。注意，在打开后要判断文件是否打开成功。读取文件内容时，可以使用循环语句逐个读出字符，同时要判断文件位置指针是否已经到了文件尾部，未到文件尾部则继续读出字符。也可以使用 fgets 函数一次读出该字符串，再求字符串中的字符个数。最后，不要忘记关闭文件。

在 fopen 函数中，指定打开的文件时需要同时指定该文件的路径，本题应该写成"D:\\Test\\a.txt"。

2．分析：

存放学生信息需要定义一个结构体类型 struct student，包含 3 个成员：学号 num、姓名 name、C 语言课程成绩 CScore。定义时要注意每个成员的数据类型。再定义一个包含 5 个元素的结构体数组来存放这 5 个同学的信息，通过循环语句依次输入它们的信息。

在文件中存放学生信息时，应使用"wb"方式打开 stuInfo.dat 文件，使用 fwrite 函数逐个向文件中写入学生的信息。为了检验数据是否正确写入文件，应该在写完后再用 fread 函数把数据读出来，输出到显示器上，方便检查结果是否正确。

3．分析：

本题在上题生成文件的基础上，使用 fread 函数读出 5 个学生的信息，排序时可以使用冒泡法或选择法等，排序方法可参考教材相关内容。然后再按顺序将这 5 个学生的信息写入 D:\stuSort.dat 文件中。最后，不要忘记关闭文件。

4．分析：

本题在上题生成文件的基础上，先使用 fread 函数读出 5 个学生的信息，然后关闭文件。再用"wb"方式重新打开文件，即先清除文件中原来的数据，再使用循环依次判断每个学生的 C 语言成绩，如果该生 C 语言成绩小于 80 或者大于等于 90 分，则使用 fwrite 函数写入该学生的信息。这样即可实现删除满足题目条件的学生信息。最后，不要忘记关闭文件。

同样，为了检验数据是否正确写入文件，应该在写完后再用 fread 函数把数据读出来，输出到显示器上，以便检查结果是否正确。

第 7 章　实用程序设计技巧

通过本章的学习，了解程序的模块化层次结构，理解模块设计、分解和组装的原则和方法，掌握 C 语言程序的设计风格和书写风格，了解常用的程序设计方法（算法）。

7.1　知 识 要 点

1．程序的模块化结构

系统设计分为 4 个方面的内容：体系结构设计、模块设计、数据结构与算法设计、用户界面设计。

模块化是指对任务进行分析和功能模块分解，将大任务分解为若干子任务，对子任务分别进行设计之后，再进行组合，合并为功能强大而复杂的一个整体。习惯上，从功能上划分模块，保持"功能独立"，是模块化设计的基本原则。

评价模块设计优劣的 3 个特征因素：信息隐藏、内聚与耦合和封闭-开放性。

模块化设计时，通常是将一个大型程序自上而下地进行功能分解，分成若干个子模块，每个模块对应一个功能，有自己的界面和相关的操作，完成独立的功能。各个模块可以分别由不同人员编写和调试，最后，将不同模块组装成一个完整的程序。

在 C 语言中，用函数实现功能模块的定义，程序的功能通过函数之间的调用实现。

2．模块的组装

模块的组装既涉及多个源文件的连接问题，也涉及实现具体模块的函数之间的连接调用关系。常常使用文件包含命令#include 来实现多个源程序文件之间的连接。

文件包含是指一个源文件可以将另一个源文件的全部内容包含进来。文件包含命令的一般格式为：

　　　#include <包含文件名>　　　或　　　　#include "包含文件名"

模块函数间的连接可以分为短暂连接和长久连接。

模块间的短暂连接使得模块的功能比较独立，模块调用和组装非常灵活。短暂连接通常分为 3 种形式：普通参数、返回值和指针参数。

模块间的长久连接使得模块间衔接紧密，模块间的耦合加强，独立性下降，各模块间通过全局变量等形式的连接产生了相互的影响。长久连接通常分为两种形式：全局变量和 static 静态变量。

在由许多分别编译的单元所组成的程序中，对于在各个单元中使用的标识符，如何保证每一次使用都能正确地与其所指定的程序实体相联系，使它们在各编译单元中的名字和类型定义与使用时严格一致，是模块连接成功与否的关键。

一般情况下，源程序中的所有内容都参加编译，但是有时希望其中一部分内容只在满足一定条件下进行编译，也就是对一部分内容指定编译条件，称为条件编译。

3．模块设计风格简述

模块设计风格是指实现模块功能代码时经常采用的一些设计风格。编程时应注意养成良好的编程习惯和编程风格，从而使编写出的程序便于阅读、理解和调试，进而提高编程效率。

模块设计风格包括数据风格、标识符风格、算法风格、输入/输出风格、书写风格等。

7.2　习　　题

一、选择题

1. 在问题解决方案中使用模块的优点不包括（　　）。
   A）使用模块通常可缩短程序的长度，使程序更具可读性
   B）模块是解决方案的一小部分，因此单独测试起来更加容易
   C）模块可以独立于解决方案的其他部分进行单独的编写和测试，因此对于大型项目，各个模块的开发可以同步进行
   D）使用模块可以使用更多更新的技术

2. 以下有关文件包含的说法不正确的是（　　）。
   A）使用文件包含时，"< >"表示先在当前目录寻找，如果找不到，再到标准包含文件目录寻找；" " "表示直接到指定的标准包含文件目录中寻找包含文件
   B）使用" " "时，头文件可加路径
   C）一个#include 命令只能指定一个被包含的文件，如果要包含 n 个文件，要用 n 个#include 命令
   D）文件包含命令以#include 开始

3. 使用文件包含和头文件的优点不包括（　　）。
   A）可以充分利用系统资源，提高编程效率
   B）将不同功能的模块分别声明为不同的头文件，可以实现函数功能的自由组合
   C）可实现多个源程序文件的拼接，将模块根据程序功能进行组装
   D）可以使主程序代码更多，功能更强

4. 以下有关短暂连接的说法不正确的是（　　）。
   A）如果模块需要返回多个值给主调模块，则需使用全局变量，用以将一个以上的结果值返回给主调模块
   B）如果仅仅是需要从主调函数获得参数来完成函数功能，则选装普通参数即可
   C）如果从主调模块中获得某个变量值完成函数功能，同时还需改变此变量值，则可将这个参数定义为指针参数
   D）如果函数模块只需返回一个值给调用它的模块，则选择函数返回值即可

5. 以下有关全局变量的说法不正确的是（　　）。
   A）全局变量是定义在函数外部的变量，可以被若干个函数模块所访问
   B）文件内部的全局变量其作用域是从源文件开始直到源文件结束，即在文件内的函数都可访问该全局变量
   C）每一个程序模块访问全局变量改变其值后，全局变量的值就发生了永久的改变，即函数调用结束后这种值的改变仍然生效
   D）文件间的全局变量是指将全局变量声明为 extern，以供多个源程序文件访问，这样就将全局变量的作用域范围扩大了，扩大到了多个文件内部

6. 以下有关静态变量的说法不正确的是（　　）。
   A）静态变量用 static 进行声明
   B）静态变量生存期较长，不随函数调用的结束而释放，而是在整个程序运行期间一直都保

持有效

C）定义在函数内部的静态变量，其作用域范围仅限于本函数内部，属于私有变量，不能在函数间产生长期的作用关系，所以不属于模块间的长久连接

D）静态变量是存储在系统的静态存储区的

7. 以下有关条件编译的说法不正确的是（　　）。

A）条件编译也是一种编译预处理命令

B）条件编译命令中的源程序部分可以包含 C 语句或其他任何语法成分，不能包含其他预处理命令

C）如果源程序中有一部分内容只在满足一定条件下进行编译，这时可以使用条件编译

D）条件编译可以使系统适应性强，功能灵活

二、填空题

1. 程序设计通过对任务进行分析和_____，将大任务分解为若干子任务，子任务分别进行设计之后，再进行组合，合并为功能强大而复杂的一个整体。

2. _____是软件工程思想的核心和主题。

3. _____是在程序编译之前进行的工作，不属于程序中的可执行语句，因此也不占用程序的运行时间。

4. C 语言提供的预处理指令主要有 3 种：_____、_____、_____。

5. _____头文件中大多都是系统定义好的关于输入输出函数的函数声明语句，以及一些使用这些函数时需要用到的符号常量的定义，此外还有部分条件编译语句。

6. 所谓_____是指只有在模块函数被调用时通过函数参数的传递或函数返回值和其他模块发生的连接关系。

7. 模块间的长久连接以_____、_____两种形式表现。

8. 具有连接性的变量是_____变量和_____变量。

7.3　习题参考解答

一、选择题

1. D　　　2. A　　　3. D　　　4. A　　　5. B
6. C　　　7. B

二、填空题

1. 功能模块分解

2. 模块化程序设计

3. 编译预处理命令

4. 宏、文件包含、条件编译（可以交换顺序）

5. stdio.h

6. 短暂连接

7. 全局变量、static 静态存储类（可以交换顺序）

8. 静态、全局（可以交换顺序）

参 考 文 献

[1]　蒋彦, 韩玫瑰. C 语言程序设计（第 3 版）. 北京: 电子工业出版社, 2018

[2]　谭浩强. C 程序设计题解与上机指导（第三版）. 北京: 清华大学出版社, 2001

[3]　谭浩强. C 程序设计（第四版）学习辅导. 北京: 清华大学出版社, 2010

[4]　谭浩强, 张基温. C 语言习题集与上机指导（第二版）. 北京: 高等教育出版社, 1998

[5]　谭浩强. C 程序设计（第三版）. 北京: 清华大学出版社, 2005

[6]　卜家岐, 范燮昌. C 程序设计教程上机辅导与习题集. 北京: 高等教育出版社, 2006

[7]　姜灵芝, 余键. C 语言课程设计案例精编. 北京: 清华大学出版社, 2008

[8]　齐从谦, 甘屹. C 语言程序设计教程. 北京: 机械工业出版社, 2007

[9]　Alice E.Fischer. C 语言程序设计实用教程. 北京: 电子工业出版社, 2001

[10]　汪同庆, 刘春杰, 关焕梅. C 语言程序设计实验教程. 湖北: 武汉大学出版社, 2006

[11]　徐金梧, 杨德斌, 徐科. TURBO C 实用大全. 北京: 机械工业出版社, 2000

[12]　Brian W.Kernighan & Dennis M.Ritchie. The C Programming Language(Second Edition). 北京: 机械工业出版社, 2007

[13]　Herbert Schildt, 王曦若, 李沛, 译. ANSI C 标准详解. 北京: 学苑出版社, 1994

反侵权盗版声明

电子工业出版社依法对本作品享有专有出版权。任何未经权利人书面许可，复制、销售或通过信息网络传播本作品的行为，歪曲、篡改、剽窃本作品的行为，均违反《中华人民共和国著作权法》，其行为人应承担相应的民事责任和行政责任，构成犯罪的，将被依法追究刑事责任。

为了维护市场秩序，保护权利人的合法权益，我社将依法查处和打击侵权盗版的单位和个人。欢迎社会各界人士积极举报侵权盗版行为，本社将奖励举报有功人员，并保证举报人的信息不被泄露。

举报电话：（010）88254396；（010）88258888

传　　真：（010）88254397

E-mail：　dbqq@phei.com.cn

通信地址：北京市海淀区万寿路 173 信箱

　　　　　电子工业出版社总编办公室

邮　　编：100036